VED PRAKASH
M Ghosh

Estratégia de aplicação de azoto de precisão

VED PRAKASH
M Ghosh

Estratégia de aplicação de azoto de precisão

com base no medidor de clorofila (SPAD) para o trigo(Triticum aestivum L.) em regadio

ScienciaScripts

Imprint

Any brand names and product names mentioned in this book are subject to trademark, brand or patent protection and are trademarks or registered trademarks of their respective holders. The use of brand names, product names, common names, trade names, product descriptions etc. even without a particular marking in this work is in no way to be construed to mean that such names may be regarded as unrestricted in respect of trademark and brand protection legislation and could thus be used by anyone.

Cover image: www.ingimage.com

This book is a translation from the original published under ISBN 978-620-7-80529-7.

Publisher:
Sciencia Scripts
is a trademark of
Dodo Books Indian Ocean Ltd. and OmniScriptum S.R.L publishing group

120 High Road, East Finchley, London, N2 9ED, United Kingdom
Str. Armeneasca 28/1, office 1, Chisinau MD-2012, Republic of Moldova, Europe
Printed at: see last page
ISBN: 978-620-7-97163-3

Copyright © VED PRAKASH, M Ghosh
Copyright © 2024 Dodo Books Indian Ocean Ltd. and OmniScriptum S.R.L publishing group

ÍNDICE DE CONTEÚDOS

RESUMO

A adubação de cobertura com fertilizante N, sempre que o verde das folhas, medido pelo medidor de clorofila (SPAD), desce abaixo do valor limite, pode ser utilizada para a gestão específica do N no local de cultivo do trigo. Neste caso, foi efectuada uma investigação para analisar o efeito da gestão do N com base no SPAD na produtividade do trigo e na eficiência da utilização do N num solo aluvial do leste da Índia. Na experiência, o trigo foi cultivado durante a estação seca (novembro a abril) de 2015-16 na exploração experimental do Bihar Agricultural College, Sabour, Bhagalpur. A experiência foi realizada num esquema de parcelas divididas com catorze combinações de tratamentos de dois níveis SPAD (42 e 44) como parcela principal e sete cultivares de trigo (HD 2967, HD 2985, HI 1563, PBW 343, HW 1105, HD 3086 e Sabour Samriddhi) como tratamentos de subparcelas com uma dose basal de 40-60-40 kg $N-P_2O_5-K_2O$ ha^{-1} em três repetições.

Os atributos de crescimento no SPAD 42 são comparáveis aos do SPAD 44 na maioria dos em todos os casos, mas utilizando uma quantidade consideravelmente menor de N (19%) do que o SPAD 44. Os componentes de crescimento e rendimento variam significativamente entre as cultivares de trigo e, a este respeito, as cultivares HD 2967 e Sabour Samriddhi tiveram um desempenho notável em relação às outras. A gestão do N através da tecnologia baseada no SPAD não só manteve o crescimento e a produtividade das cultivares de trigo, mas também pode ser poupado o fertilizante N quando comparado com a recomendação estatal (120 kg N ha^{-1}). A maior produtividade de grãos (5172 kg ha^{-1}) foi registada na cultivar HD 2967 seguida pela Sabour Samriddhi (4817 kg ha^{-1}) e ambas as cultivares foram significativamente superiores à cultivar PBW 343 que teve a menor produtividade entre os tratamentos de sub-parcela. Foi observada uma tendência semelhante no caso da produção de palha, em que o SPAD 42 e o 44 foram comparáveis também na produção de grãos. O estudo confirmou que a gestão de N baseada no medidor de clorofila, especialmente a manutenção do valor limite SPAD de 42 com a aplicação de N de 20 kg ha^{-1} em cada adubação de cobertura poderia economizar uma quantidade substancial de N juntamente com o impacto positivo no rendimento de grãos. O conteúdo de N nas folhas e o valor SPAD nos estágios CRI e de perfilhamento foram linearmente correlacionados e os valores SPAD ideais para esses estágios de crescimento foram medidos como 45,3 e 42,0, respetivamente, para maximizar o rendimento de grãos. A produtividade parcial do fator de

N aplicado (PFPN) diminuiu constantemente com o aumento da taxa de cobertura de N. O valor mais alto de PFPN (54,05 kg kg^{-1}) foi registrado na HD 2967, que foi significativamente superior a todas as outras cultivares, exceto a HD 2985. No geral, a HD 2967 registou um valor de PFPN 12,8% superior ao das outras cultivares. A eficiência interna de uso do N (IEN) também foi maior no HD 2967 (42,6 kg kg^{-1}) e foi estatisticamente superior ao Sabour Samriddhi, que registrou o menor IEN entre os tratamentos das subparcelas.

Os maiores retornos brutos (88215 Rs. ha^{-1}) e líquidos (56404 Rs. ha^{-1}) foram obtidos em HD 2967 seguido por Sabour Samriddhi e estas cultivares foram marcadamente superiores a PBW 343 em ambos os casos. O retorno máximo por rupia investida no sistema de produção de trigo baseado no SPAD também foi observado em HD 2967 (2,77) seguido por Sabour Samriddhi (2,58). A produtividade, a eficiência da utilização de N e a economia, ou seja, o rendimento bruto, o rendimento líquido e o rendimento por rupia investida, não foram significativos com os limiares SPAD. Assim, do ponto de vista económico, a estratégia de gestão do N baseada no SPAD 42 foi considerada muito promissora na gestão eficiente dos fertilizantes N para manter a produtividade do trigo e aumentar a eficiência da utilização do N na parte oriental da Índia.

Capítulo *I*

Introdução

O agravamento dos recursos primários e a utilização excessiva de produtos químicos na agricultura criaram uma situação de quase pânico para o ambiente. Apesar dos avanços tecnológicos, como as cultivares melhoradas, os organismos geneticamente modificados, os sistemas de irrigação precisos e a gestão melhorada das pragas, os nutrientes continuam a ser um fator-chave que determina a produtividade agrícola. Os agricultores podem frequentemente aplicar doses de N mais elevadas do que as recomendadas para garantir rendimentos elevados, o que pode levar a uma baixa eficiência de utilização do N devido à variabilidade do fornecimento de N no solo de campo para campo. Na cintura indo-gangética do leste da Índia, o trigo é cultivado com uma dose recomendada de 120 kg de N/ha, aplicada em duas parcelas iguais, com N basal aquando da preparação do terreno ou da plantação e N de cobertura na fase de iniciação da raiz em coroa (CRI), juntamente com a primeira irrigação. Uma vez que a aplicação de N ao trigo irrigado está ligada a eventos de irrigação, os agricultores aplicam frequentemente uma dose extra de N com os eventos de irrigação na fase de perfilhamento máximo para evitar o risco de deficiência de N. Não existem critérios adequados para determinar o momento de outra divisão. Assim, o desafio para os agricultores é converter o N aplicado no solo em rendimento de grãos com a máxima eficiência, porque o N é um dos factores de produção mais críticos para os cereais.

O trigo (***Triticum aestivum*** **L.**) é a cultura de campo mais cultivada, principalmente em climas temperados, tropicais e subtropicais (Klatt, 1988). No mundo, o trigo é cultivado numa área de cerca de 222,6 mha, com uma produção de 716,1 Mt e uma produtividade de 3,22 t/ha, mantendo a primeira posição entre os cereais, tanto em termos de área como de produção. No entanto, na Índia, o trigo é cultivado em 29,57 m ha com uma produção de 90,38 mt e uma produtividade de 3,06 t/ha (Agricultural statistics at a glance, 2015). A capacidade inerente de fornecimento de nutrientes do solo sob a cintura aluvial do leste da Índia é média e a produção de trigo depende da utilização extensiva de fertilizantes azotados. O azoto é o nutriente mais utilizado pelos produtores de trigo, mas o grão de trigo produzido por unidade de fertilizante N aplicado tem diminuído continuamente (Dobermann *et al.*, 2002), o que resulta numa fraca eficiência de utilização do N, que pode ir de 14% a

59% (Lpez-Bellido *et al.*, 2005). A grande variação no estado do N no solo e a aplicação de fertilizantes em manta, seguindo recomendações gerais incorrectas dos agricultores, conduzem a uma aplicação excessiva. Singh *et al.* (2012) opinaram que as recomendações de fertilizantes de cobertura para grandes áreas têm servido bem o objetivo de produzir rendimentos de grãos óptimos, mas não conseguem aumentar a eficiência da utilização de N para além de um certo limite. A principal razão para a baixa eficiência do uso de N é a divisão ineficiente da dose de N, juntamente com a aplicação de N em excesso da demanda da cultura (Ghosh *et al.*, 2017). A volatilização, desnitrificação e lixiviação do N também levam a uma baixa eficiência de utilização do N (Singh *et al.*, 2012). Raun e Johnson (1999) estimam que a NUE mundial na produção de culturas de cereais é de 33%, o que significa que 67% do N aplicado não é utilizado pelas culturas pretendidas. Por sua vez, o N não utilizado pode causar impactos ambientais nocivos, poluindo as águas superficiais e outros recursos ambientais (Greenhalgh e Faeth 2001; Mitsch *et al.*, 2001; Sutton *et al.*, 2011). A baixa NUE deve-se em parte a aplicações "elevadas" de N que não correspondem ao momento e à variabilidade espacial das necessidades de N da cultura, como quando todo o N é aplicado a uma taxa uniforme antes da plantação.

De um ponto de vista sustentável, a prática de gestão do azoto tem de ser estabelecida para melhorar a eficiência da utilização do azoto, conduzindo a um rendimento elevado e rentável e a uma perda mínima de azoto dos fertilizantes para o ambiente. As tecnologias baseadas nas necessidades são utilizadas para recolher informações sobre as diferenças espaciais e temporais dentro do campo, a fim de fazer corresponder os factores de produção às condições específicas do campo para uma maior produtividade parcial dos factores (Abbott e Murphy 2007; Komatsuzaki e Ohta 2007; Montemurro *et al.*, 2008). Geralmente, os agricultores aplicam metade do N recomendado no momento da sementeira, com P e K completos, e o restante N é aplicado em duas parcelas iguais nos estádios de iniciação da raiz da coroa (CRI) e de perfilhamento máximo (MT), coincidindo com os eventos de irrigação. Mas o aumento da eficiência da utilização de N só pode ser obtido quando a aplicação coincide com as fases de maior fome que reduzem as perdas. A dose total de N varia de 100 a 150 kg de N por hectare, o que indica uma enorme variação espacial e os agricultores aplicam frequentemente mais de duas doses de N. De facto, por vezes os agricultores aplicam uma dose extra de N para evitar o risco de deficiência, uma vez que está associada a eventos de irrigação. Em alguns casos, os investigadores notaram que 13% de rendimento extra de grãos de trigo poderia ser alcançado aplicando três divisões em vez de duas (Singh *et al.*, 2013). A principal razão para o aparente desperdício de dinheiro com a aplicação de mais fertilizantes do que uma cultura pode utilizar é o facto de a recomendação geral de parcelas não ser adequada a diferentes locais. Em muitas regiões, os agricultores estão a aplicar azoto a níveis que excedem a dose sugerida pelos serviços de extensão do governo (Rajsic e Weersink 2008).

Entre meados da década de 80 e meados da década de 90, a tónica foi colocada na redução das perdas de N, fazendo corresponder as necessidades de N das culturas com o fornecimento de N dos fertilizantes, a fim de alcançar uma elevada eficiência de utilização do N, e centrou-se na utilização de dispositivos como a carta de cores das folhas (LCC), baseada nas propriedades espectrais das folhas e na clorofila, ou o medidor SPAD (Soil Plant Analysis Development), baseado na transmitância da luz através das folhas, para orientar em tempo real as adubações de cobertura com N no trigo (Singh *et al.*, 2002; Shukla *et al.*, 2004). Estudos demonstraram que as vantagens superam as desvantagens quando os medidores SPAD (Soil Plant Analysis Development) são utilizados em sistemas de culturas cerealíferas. O medidor SPAD é um instrumento de mão não destrutivo que mede a transmitância das folhas em dois comprimentos de onda absorvidos por folhas individuais. Verificou-se que as leituras do medidor SPAD estão significativamente correlacionadas com a concentração de N nas folhas e o rendimento em matéria seca do trigo (Spaner *et al.*, 2005). Singh *et al.* (2002) observaram que o trigo respondia à aplicação de 30 kg de N ha^{-1} quando a leitura SPAD no perfilhamento máximo era <44 e uma aplicação de 30 kg de N ha^{-1} no valor limiar SPAD de 42 no perfilhamento máximo, o rendimento do trigo aumentava em 20% em relação às práticas de gestão dos agricultores. Hussain et al. (2003) relataram um valor SPAD crítico de 42 para orientar a necessidade de adubação de cobertura com N no trigo no Paquistão.

O princípio básico do medidor de clorofila SPAD 502 é reduzir a incerteza sobre as variações espaciais e temporais das necessidades de N das plantas, para que os produtores possam aplicar a quantidade certa de N no momento certo e no local certo (Huang *et al.*, 2008). O medidor SPAD, que mede a transmitância foliar em dois comprimentos de onda (650 nm e 940 nm), foi desenvolvido como uma alternativa não destrutiva ao índice de nutrição azotada (Huang *et al.*, 2008). Os dispositivos ajudam a g e r i r eficazmente o azoto no trigo em situações de diversidade no campo, na estação e na variedade, garantindo um rendimento elevado e proporcionando benefícios económicos aos agricultores.

Na parte oriental da Índia, o trigo é cultivado com uma dose recomendada de 120-150 kg N/ha aplicada em duas partes iguais como N basal e na fase de iniciação da raiz da coroa (CRI) juntamente com a primeira irrigação. Como as aplicações de N no trigo irrigado estão ligadas aos eventos de irrigação, os agricultores aplicam frequentemente uma dose extra de N com os eventos de irrigação na fase de perfilhamento máximo para evitar o risco de deficiência de N. Não existem critérios adequados para determinar o momento e a quantidade de N na divisão. Por conseguinte, o desafio para os agricultores é converter o N aplicado no solo em rendimento de grãos com a máxima eficiência, porque o N é um dos factores de produção mais críticos para os cereais. Vários investigadores têm enfatizado a necessidade de uma gestão eficiente do azoto, em condições de solo e agro-climáticas variáveis. Este estudo salienta o desenvolvimento de uma gestão do azoto no trigo baseada nas necessidades de fertilizantes, utilizando o medidor SPAD na cintura aluvial do subtrópico indiano. A presente investigação, intitulada "**Avaliação da estratégia de gestão do azoto utilizando o medidor SPAD para o trigo irrigado (*Triticum aestivum* L.)**", foi planeada e realizada na Bihar Agricultural College, quinta, Sabour, durante a estação seca de 2015-2016, com os seguintes objectivos

1)   Avaliar o desempenho das cultivares de trigo e determinar a dose óptima de N no âmbito de uma gestão do N baseada no SPAD.

2)   Desenvolver o valor crítico SPAD e investigar as fases críticas de crescimento de cultivares de trigo sob diferentes práticas de gestão de N.

3)   Determinar os aspectos económicos de diferentes estratégias de gestão do N utilizando o medidor SPAD.

***

Capítulo II
Revisão da literatura

A procura de alimentos está a aumentar de dia para dia para alimentar uma população em constante crescimento e os recursos primários do sistema de produção agrícola (terra, água e atmosfera) estão a degradar-se progressivamente. O sistema de produção tem de ser desenvolvido para aumentar a produção alimentar, minimizar a utilização de agroquímicos e preservar ou melhorar os recursos naturais (FAO 1995). A agricultura de precisão traz uma revolução na agricultura e tem sido praticada comercialmente desde os anos 90 (Crookston, 2006). Inclui a gestão precisa dos factores de produção agrícola no local e no momento certos, com práticas de gestão corretas. A agricultura de precisão permite melhorar a produtividade e a rendibilidade das explorações agrícolas através de práticas de gestão melhoradas (Larson e Robert, 1991; Zhang *et al.*, 2002), o que conduz à manutenção da sustentabilidade (Mulla, 1993; Mulla *et al.*, 2002; Tian, 2002; Mulla, 2013). São adoptadas tecnologias como o sistema de posicionamento global (GPS), a deteção remota, a irrigação de taxa variável, os controladores de fertilizantes e pulverizadores, a robótica e os sensores de tomada de decisões em tempo real. A nível mundial, existe pouca documentação sobre as taxas de adoção da agricultura de precisão nos países em desenvolvimento (Mondaland Basu, 2009). Tendo em conta as condições futuras, são necessárias tecnologias de precisão, como a aplicação de factores de produção baseados em sensores, para compensar a procura de alimentos. Os sensores do futuro podem ser baseados em satélites (Bausch e Khosla, 2010), aviões (Haboudane *et al.*, 2002; *Goelet al.*, 2003; Haboudane *et al.*, 2004; Miao, *et al.*, 2007), veículos aéreos não tripulados (Herwitz *et al.*, 2004; Berniet *al.*, 2009), tractores (Adamchuk, *et al*, 2004; Long, *et al.*, 2008), ou ligados a robôs móveis (Astrand e Baerveldt, 2002) para registar parâmetros como a densidade das ervas daninhas, a altura da cultura, a reflectância das folhas, o estado da humidade e outras propriedades, importantes para uma gestão precisa dos factores de produção. Estes sensores devem ser capazes de transmitir informações através de redes sem fios (*Wanget al.*, 2006; O'Shaughnessy e Evett, 2010) para computadores e controladores no terreno, capazes de variar as taxas de irrigação, fertilizantes e herbicidas a uma escala precisa.

A utilização de agroquímicos é um forte atrativo para uma prática agrícola intensiva que cria riscos para o ambiente e para o solo. Mas a necessidade de aumentar a produção alimentar é considerada preponderante. Por conseguinte, a estratégia de produção para a Índia no século XXI deve passar pelo aumento da produtividade da terra com custos de produção reduzidos e maior eficiência na utilização dos factores de produção (Babu e Reddy, 2000). O principal requisito é a promoção da saúde do sistema solo-planta-ambiente, sem exploração da utilização excessiva e abusiva dos factores de produção (Ayala e Rao, 2002). A cultura do trigo desempenha um papel importante na segurança alimentar do mundo. Atualmente, a gestão de precisão dos factores de produção no trigo não existe na maioria das zonas de cultivo do trigo. Existe uma boa quantidade de informação sobre a nutrição das culturas, mas falta informação sobre a gestão do azoto no trigo com base nas necessidades. Neste capítulo, a literatura relevante para o presente inquérito foi agrupada e apresentada a seguir.

2.1   Informações baseadas em sensores para a recomendação N

2.2   Tempo fixo e gestão de precisão do N em trigo

2.3   Gestão do azoto com base no SPAD em trigo

2.4   Economia da gestão de precisão do N

2.1   Informação baseada em sensores para recomendação N

As culturas agrícolas têm grandes necessidades de azoto, mas a procura de fertilizantes é variável. A divergência entre o fornecimento e a necessidade de azoto pode potencialmente prejudicar o crescimento das culturas, bem como o ambiente, resultando numa má eficiência de utilização do azoto (NUE) que conduz a perdas económicas. A aplicação de doses elevadas de N provoca frequentemente um maior risco de contaminação das águas subterrâneas devido à lixiviação de NO_3 - N, o que afecta a produtividade das culturas e o rendimento líquido (Carpenter *et al.*, 1998; Ferguson *et al.*, 2002; Hashimoto *et al.*, 2007; Tremblay *et al.*, 2012). Agora, o desafio é desenvolver um sensor simples com duas ou três bandas para estimar a concentração de N da cultura em diferentes fases de crescimento e ambientes para aplicação prática. O estado do N das culturas pode ser determinado de forma não destrutiva a partir da reflectância espetral da copa das árvores, devido à boa correlação entre a clorofila das folhas e o estado do N das culturas (Wood *et al.*, 1992; Blackmer *et al.*, 1994). Foram projectados vários algoritmos para relacionar o teor de clorofila e as concentrações de N nas folhas a partir de bandas de onda selecionadas fornecidas por tecnologias de deteção remota ótica (Walburg *et al.*, 1982; Filella *et al.*, 1995). Alguns índices de vegetação baseados na reflectância utilizam uma combinação de bandas de onda, como o índice de vegetação de razão (RVI) e o índice de vegetação de diferença normalizada (NDVI) (Rouse *et al.*, 1973). O NDVI é uma medida comum para estimar o estado do N das culturas a partir de dados de deteção remota de uma variedade de satélites (Wright *et al.*, 2004; Tremblay *et al.*, 2009), e está fortemente correlacionado com as leituras SPAD (r^2 = 0,68 a 0,90) (Han *et al.*, 2002). Blackmer *et al.* (1995) utilizaram imagens aéreas obtidas num comprimento de onda particularmente sensível aos níveis de N do dossel para cartografar as zonas deficientes em N nos campos de milho. Propuseram que as imagens da reflectância da copa das árvores pudessem ser utilizadas para detetar partes do campo que apresentavam deficiências de N. A teledeteção é outro aplicador de precisão areolar para obter informações sobre o estado do N das culturas em partes ou num campo inteiro para caraterizar a variabilidade espacial (Bhatti *et al.*, 1991; Atkinson *et al.*, 1992; Moran *et al.*, 1997). A clorofila nas folhas absorve fortemente a luz azul (cerca de 450 nm) e vermelha (cerca de 670 nm) e reflecte na região verde (cerca de 550 nm) do espetro luminoso. Miao *et al.* (2009) propuseram que a combinação de leituras de medidores de clorofila e imagens de teledeteção aérea ou por satélite parece ser uma solução prática para aplicações de N específicas no local durante a época em grandes campos. Perry *et al.* (2012) realizaram experiências utilizando imagens de satélite e câmaras multiespectrais instaladas em plataformas terrestres e aéreas. Verificaram que a forte relação entre o N medido e o N estimado nos 11 conjuntos de dados com um r^2 de 0,60. Entre as tecnologias testadas para a gestão de precisão do N, verificou-se uma poupança de N de 9,5 e 30 kg com o green seeker e o SPAD, respetivamente, enquanto se verificou um aumento de 18,4 kg de N/ha através da resposta das culturas ao teste do solo (STCR) em comparação com a dose recomendada de fertilizante no milho

cultura (Mohanty *et al.*, 2015).

A ferramenta mais simples, fiável e barata para a gestão de precisão do azoto é a carta de cores das folhas (CCF), que pode ser utilizada com êxito para orientar a aplicação de azoto nas culturas com base nas propriedades espectrais das folhas (Shukla *et al.*, 2004; Singh *et al.*, 2007, 2010). Com uma abordagem de gestão de N em "tempo real", os agricultores efectuam leituras de LCC com um intervalo de uma semana e aplicam fertilizante N sempre que as leituras de LCC se situam abaixo do valor crítico. Fenga *et al.* (2016) observaram que a relação entre os índices espectrais e o teor de N nas folhas variava em diferentes condições experimentais (estágios de crescimento, cultivares, tratamentos, locais e anos).

O "Ramped Calibration Strip" (RCS), um outro aplicador de precisão para fertilizantes N, foi desenvolvido e concebido para prever as necessidades de N das culturas com base no

NDVI da cultura do trigo (Raun *et al.*, 2005; Arnall *et al.*, 2008; *Raunet al.*, 2008). Esta faixa é um indicador visual, com um valor educativo direto generoso para o produtor devido aos sinais facilmente reconhecíveis de stress de N ou de adequação de N.

O Greenseeker é outro dispositivo disponível no mercado que utiliza a radiação ativa de díodos emissores de luz vermelha e infravermelha próxima para obter dados de reflectância independentes da iluminação solar. O NDVI do Greenseeker foi considerado útil na determinação de zonas de gestão (Sharp *et al.*, 2004). O Greenseeker também pode ser utilizado na determinação das zonas de gestão e do estado do azoto no milho e no trigo para melhorar a NUE (Hong *et al.*, 2007; Guo *et al.*, 2008; Tremblay *et al.*, 2009; Li *et al.*, 2010; Shaver *et al.*, 2010; Erdle *et al.*, 2011).

Cao *et al.* (2017) sugeriram que o sensor Crop Circle ACS-470 pode melhorar a estimativa da absorção de N das plantas de trigo de inverno no início da estação e o rendimento de grãos em comparação com o sensor Greenseeker; mas as estratégias de gestão de precisão do azoto baseadas nestes dois sensores têm um desempenho igualmente bom para melhorar o NUE no trigo de inverno. Erdle *et al.* (2011) referiram que o sensor Crop Circle ACS 470 era o índice mais potente e estável para estimar o estado do azoto no trigo de inverno. Shiratsuchi *et al.* (2011) observaram que os índices de vegetação calculados com o Crop Circle eram os melhores índices para diferenciar os efeitos da taxa de N no estado de N do milho. Singh *et al.* (2011) observaram que as aplicações de N de fertilizantes guiadas por sensores resultaram em altos níveis de rendimento e alta eficiência de uso de N de cereais.

As imagens aéreas e de satélite podem ser comprometidas pela cobertura de nuvens, para avaliar o estado do N, especialmente nas regiões onde esta caraterística climática é comum nos meses de primavera e verão. Ao contrário da deteção aérea ou por satélite, a deteção terrestre não precisa de ser comprometida por factores climáticos e os sensores podem ser ligados diretamente a um aplicador, de modo a que a fertilização possa ser efectuada segundos após a deteção da cultura.

Do mesmo modo, a Greenseeker ou Crop circle, Minolta Camera Company desenvolveu um medidor de clorofila portátil ou medidor SPAD que pode ser utilizado para estimar os níveis de clorofila nas folhas. Blackmer *et al.* (1994) e Markwell *et al.* (1995) sugeriram que o medidor de clorofila mede a transmissão de luz nas partes vermelha (650 nm) e infravermelha próxima (940 nm) do espetro para estimar o teor de clorofila da folha. O N é o elemento chave nas moléculas de clorofila e o medidor de clorofila fornece o estado instantâneo do N da cultura como valor SPAD de uma forma não destrutiva. Utilizando o medidor de clorofila Minolta SPAD 502 para monitorizar o estado de N da cultura e aplicar fertilizante N; Blackmer *et al.* (1993), Blackmer e Schepers (1994) e Blackmer e Schepers (1995) mostraram que a abordagem baseada na cultura seria uma melhoria em relação à abordagem atual baseada no solo para gerir o N. Os medidores de clorofila têm sido utilizados habitualmente para estimar o estado de N da cultura de forma não destrutiva nas fases de crescimento da cultura para permitir o ajuste do fertilizante N durante a estação (Varvel *et al*, 2007; Miao *et al.*, 2009; Singh *et al.*, 2010; Cao *et al.*, 2012; Ghosh *et al.*, 2013). Scharf *et al.* (2006) verificaram que as leituras do medidor de clorofila estavam significativamente correlacionadas com a taxa de N economicamente óptima e a resposta da produção ao N aplicado. Os autores opinaram que a leitura do medidor de clorofila era um bom indicador da resposta da produção de milho ao N numa vasta gama de tipos de solo e seria útil na tomada de decisões de gestão de fertilizantes N. Num estudo de 10 anos no Nebraska, EUA, Varvel *et al.* (2007) encontraram uma correlação linear significativa entre as leituras do medidor de clorofila e o rendimento do milho, o que foi apoiado por Hawkins *et al.* (2007). Miao *et al.* (2009) também observaram que o medidor de clorofila tem sido comummente utilizado para avaliar o estado do N do milho e aperfeiçoar a gestão do N durante a estação.

Singh *et al.* (2012) sugeriram que as variações gerais dos tratamentos nas leituras SPAD eram consistentes com as das concentrações de nitrato-nitrogénio no pecíolo (NO_3^- N). No entanto, a capacidade do medidor SPAD para detetar diferenças de tratamento variou com o estágio de crescimento e a estação de crescimento. A deficiência severa de N pode ser detectada cerca de 1 mês após a emergência com as leituras SPAD, mas tão cedo quanto 2 semanas após a emergência com as concentrações de NO_3^- N no pecíolo. A investigação no Nebraska foi utilizada para prever deficiências de N no milho durante a estação (Blackmer e Schepers 1995). Utilizaram faixas de referência não limitantes de N como referência para melhorar a gestão do N a meio da época na produção de cereais. Esta equipa do Nebraska desenvolveu ainda mais esta abordagem, utilizando o índice de suficiência como guia para a aplicação de N a meio da estação (Varvel *et al.*, 1997). A gestão do N nas culturas anuais de inverno e de verão implicará provavelmente diferentes abordagens para compreender os dados dos sensores com factores variáveis, como a cor do solo nu, o coberto vegetal, o teor de clorofila, o índice de área foliar, a biomassa, a altura das plantas, etc. Espera-se que, no futuro, os sensores e a técnica de algoritmo melhorada criem uma melhor perceção da dinâmica do N entre o solo e as culturas.

Banerjee *et al.* (2014) observaram que a aplicação de nutrientes com base no sistema de apoio à decisão, como o Nutrient Expert, provou ser superior à prática do agricultor, bem como à recomendação do Estado, onde foram aplicadas doses muito mais elevadas de nutrientes. A recomendação baseada no Nutrient Expert pode ser útil para melhorar a produtividade e a rentabilidade do cultivo de milho no solo laterítico do leste da Índia.

2.2 Tempo fixo e gestão de precisão do N no trigo

A informação relativa ao efeito da gestão de N em tempo fixo e de precisão no crescimento e rendimento do trigo é aqui apresentada. Ghosh *et al* .(2017) sugeriram que a gestão de N em tempo fixo, embora tenha obtido um bom retorno económico, incorreu num maior consumo de N de fertilizantes do que o necessário para produzir o rendimento esperado. A taxa moderada de N topdressing em SPAD médio foi considerada a melhor para a gestão de precisão do N na cultura do trigo, visando um maior lucro com maior eficiência de utilização do N. O seu estudo sugere que a gestão do N baseada no medidor SPAD poupou cerca de 30% da recomendação existente de fertilizantes N na FTNM. A manutenção do valor limiar SPAD de 42 com adubação de cobertura de 20 kg N ha^{-1} em cada momento teve um efeito positivo significativo no rendimento do grão com uma poupança de fertilizante N em comparação com a FTNM. De acordo com a pesquisa de Ghoshet *al.* (2017), o valor SPAD de 42 foi considerado crítico para o trigo no leste da Índia. Os resultados sugerem fortemente a revisão das recomendações actuais sobre a taxa e o momento da aplicação de fertilizantes N para manter o valor SPAD 42 até à fase de encabeçamento, a fim de melhorar o crescimento e a produtividade do trigo nas regiões subtropicais do leste da Índia.

Crescimento e rendimento das culturas

Na Índia, os principais problemas das práticas de gestão do azoto em tempo fixo são: (1) diminuição dos rendimentos, (2) diminuição da produtividade dos factores e (3) diminuição da saúde dos solos. Existe uma preocupação crescente com a sustentabilidade do sistema cerealífero, uma vez que as taxas de crescimento dos rendimentos do arroz e do trigo estão a diminuir. A gestão correta dos nutrientes na cultura do trigo pode melhorar o rendimento das culturas e reduzir a utilização de fertilizantes N (Dobermann e Fairhurst, 2000). Peng *et al.* (2006) observaram que a gestão de nutrientes específica do local reduziu a utilização de fertilizantes N em 32% e aumentou o rendimento de grãos em 5% quando comparado com as práticas habituais de fertilização dos agricultores. Banerjee *et al.* (2014) descobriram que o parâmetro de crescimento, bem como o componente de rendimento e o rendimento foram significativamente afectados por diferentes variedades e diferentes níveis de fertilizantes utilizando a ferramenta Nutrient Expert. O seu estudo concluiu que a aplicação de fertilizantes com base na recomendação de um "especialista em nutrientes" proporcionou valores mais elevados de rendimento e de parâmetros de rendimento do que a prática dos agricultores.

Sui *et al.* (2013) observaram que a produção de matéria seca para o trigo nas práticas dos agricultores foi mais rápida do que a dos tratamentos optimizados de N nas fases de crescimento vegetativo e reprodutivo inicial; mas na fase reprodutiva posterior tornou-se mais lenta. O seu estudo indica que a aplicação de uma grande quantidade de fertilizante no momento da sementeira não é benéfica para manter a biomassa fisiológica na fase reprodutiva na prática dos agricultores. Foram encontradas correlações positivas entre rendimento de grãos e espiguetas. O rendimento de grãos de tratamentos optimizados de N foi positivamente correlacionado com a espigueta por unidade de área, mas o rendimento de grãos em FFP não foi aumentado com o aumento da espigueta por unidade de área (Sui *et al.*, 2013). Os pesquisadores sugeriram que os atributos de rendimento, a resposta da cultura de teste do subsolo e o gerenciamento de N específico do local tiveram um desempenho melhor do que a prática dos agricultores (*Mohantyet al.*2015).

O medidor de clorofila também foi eficaz na previsão da deficiência de N. Valores de 40 e 45 unidades SPAD na fase de arranque do trigo são sugeridos como limites inferior e superior para níveis satisfatórios de fornecimento de N para a cultivar de trigo (Vidal *et al.*, 1999). Sugeriram que o limite inferior, indicando uma deficiência grave de azoto nas folhas, era de aproximadamente 35 unidades SPAD, enquanto o limite superior de 45 unidades SPAD indicava um consumo excessivo para o trigo de inverno. A gestão de nutrientes específica do local gerou um ganho de rendimento de pelo menos 0,5 Mg ha^{-1} (12%) com 10% de poupança de N de fertilizante quando comparado com o FFP, evidenciando claramente o efeito positivo da gestão de N na gestão de nutrientes específica do local (Singh *et al.*, 2002; Pathak *et al.*, 2003). Singh *et al.* (2013) observaram que as leituras SPAD no perfilhamento máximo revelaram que a aplicação de

30 kg N ha^{-1} aumentou o rendimento do trigo em 1,0 ou 0,5 t ha^{-1} quando a leitura foi equivalente ou inferior ao valor SPAD de 32,5 ou 42,5, respetivamente. Singh *et al.* (2002) observaram que o trigo respondeu a uma cobertura de 30 kg N ha^{-1} quando a leitura SPAD no perfilhamento máximo era menor que 44 e observaram um aumento de rendimento de 20% no valor SPAD de 42 ou menos. Hussain *et al.* (2003) determinaram um valor SPAD

crítico de 42 para orientar a necessidade de adubação de cobertura com N no trigo na Planície Indo-Gangética (IGP) no Paquistão. Maiti e Das (2006), no entanto, encontraram 37 como valor limiar SPAD para orientar as aplicações de fertilizantes N no trigo no IGP oriental, onde os invernos são amenos e os rendimentos são relativamente inferiores aos observados no IGP ocidental.

Eficiência na utilização do azoto

O azoto é o nutriente chave e as recomendações gerais são de 100-120 kg N ha^{-1} para o trigo (Prasad, 1990). Uma das principais razões para a baixa eficiência de recuperação do azoto é o facto de muitos agricultores da zona do trigo aplicarem 150 kg N ha^{-1} ou mesmo mais. (Cassman *et al.*, 1998; Prasad, 1999). Goswami *et al.* (1988) mostraram que a recuperação de 60 kg N ha^{-1} aplicados ao arroz foi de 35,4% pelo arroz e 4,1% pelo trigo seguinte (N residual); o valor correspondente a 120 kg N ha^{-1} foi de 31,2% pelo arroz e 4,6% pelo trigo seguinte. As principais causas da baixa recuperação de N no trigo são a aplicação inadequada e incorrecta de fertilizante N, que causa volatilização, desnitrificação, lixiviação e escoamento (Prasad e Power, 1995, 1997). Porque outros processos, para além da volatilização do amoníaco, são mais operativos na época de cultivo do arroz, quando há chuvas de monção ou são aplicadas irrigações pesadas e frequentes. A grande questão que se coloca agora é saber como aumentar a eficiência. A eficiência da utilização de N depende principalmente das práticas de gestão que têm de ser optimizadas e adequadas (Prasad, 2005). Banerjee *ct al.* (2014) verificaram que os valores mais elevados para a eficiência agronómica, a eficiência fisiológica e a eficiência de recuperação também foram encontrados quando o fertilizante foi aplicado com base na recomendação do Nutrient Expert.

A aplicação de N em pequenas quantidades é uma ferramenta comprovada para aumentar a eficiência da utilização do N. A maior parte do N no trigo é aplicada em duas ou três doses fraccionadas. Na Índia, para o trigo, a recomendação geral para a aplicação de N é em duas doses fraccionadas, metade na sementeira e o resto na primeira rega (21-25 dias após a sementeira), no entanto, podem ser utilizadas três doses fraccionadas em solos arenosos (Bhardwaj, 1978). Na China, 70% da dose de N é aplicada na sementeira, 15% no estádio de duas folhas e os últimos 15% na junção (Shihua e Wenqiang, 2000). Os investigadores concluíram que a utilização excessiva ou a aplicação generalizada de fertilizantes N durante a fase inicial pode conduzir a uma fraca eficiência de utilização do N. O uso excessivo de fertilizantes N sintéticos tornou-se generalizado na China (Ju et *al.*, 2009; Miao *et al.*, 2011), onde a quantidade de fertilizantes N sintéticos utilizados na cultura do trigo é 90% maior (190 kg ha^{-1}) do que a quantidade média do mundo (Heffer, 2009). O excesso de N nos sistemas solo-planta tem contribuído para a acidificação do solo devido à acidez gerada durante a nitrificação (Guo *et al.* 2010). O excesso de N é também o principal contribuinte para a eutrofização das águas superficiais, a contaminação das águas subterrâneas por nitratos e as emissões de gases com efeito de estufa. Assim, a fertilização das culturas com base nas necessidades de N para aumentar o rendimento e, ao mesmo tempo, reduzir a poluição ambiental tornou-se um grande desafio para cientistas, grupos ambientalistas e decisores políticos agrícolas em todo o mundo. Singh *et al.* (2010) sugeriram que alimentar as necessidades de N das culturas é a estratégia mais adequada de gestão do N dos fertilizantes para melhorar ainda mais a eficiência da utilização do N.

Uma vez que o crescimento das plantas reflecte o fornecimento total de N de todas as fontes, o estado do N das plantas num dado momento deve ser um melhor indicador da disponibilidade de N. O medidor de clorofila e a carta de cores das folhas surgiram como ferramentas de diagnóstico que podem estimar indiretamente o estado de N das culturas em crescimento e ajudar a definir o momento e a quantidade de adubação de cobertura com N em arroz e trigo. As aplicações de fertilizantes suplementares de N são assim sincronizadas com as necessidades de N da cultura.

Estima-se que os valores de NUE para a maioria das culturas de cereais sejam de aproximadamente 33% a nível mundial (Raun e Johnson, 1999). A eficiência agronómica da utilização de N diminuiu devido ao aumento da taxa de fornecimento de N (Peng *et al.*, 2002 e 2006). Foi relatado que a baixa eficiência agronómica da utilização de N na prática dos agricultores era de 6,4 kg kg^{-1} e 5-10 kg kg^{-1} nas províncias de Zhejiang e Jiangsu da China, respetivamente (Wang *et al.*, 2001; Peng *et al.*, 2006).Cao *et al.* (2017) observaram que o sensor Crop Circle ACS-470 poderia melhorar significativamente a estimativa da absorção de N das plantas no início da estação (R^2 =0,78) e o rendimento de grãos (R^2 =0,62) do trigo de inverno em relação ao sensor Green Seeker (R^2 =0,60 e 0,33, respetivamente). A gestão ineficiente do fertilizante deveu-se ao facto de se ignorar o impacto da variabilidade espacial e temporal e à dificuldade em identificar o momento adequado para a aplicação do fertilizante. Os baixos valores de NUE devem-se à perda de N aplicado do sistema solo-planta através de várias vias, incluindo a emissão gasosa pelas plantas, a desnitrificação, a lixiviação, o escoamento superficial e a volatilização. O aumento da NUE em 10% na produção de cereais resultaria numa poupança de cerca de 5 mil milhões de dólares por ano e na manutenção da sustentabilidade ambiental (Gupta e Khosla, 2012). A humidade do solo também tem um efeito significativo na disponibilidade de N, na absorção e na NUE. Além disso, a humidade tem o potencial de melhorar a resposta das culturas ao N, o que ajudaria a melhorar as recomendações da taxa de fertilizante N. Desenvolvimento de ferramentas avançadas baseadas em sensores para melhorar a NUE, estão a ser propostas numerosas metodologias para estimar as necessidades de N das culturas utilizando medições diretas e indirectas dos parâmetros das culturas. Estas metodologias não têm frequentemente em conta o efeito da variabilidade temporal dos factores ambientais, como a humidade do solo, que está intimamente ligada à variabilidade temporal do rendimento das culturas (Raun *et al.*, 2011). Ali *et al.* (2015) sugeriram que a eficiência do uso de N foi melhorada em mais de 12%, juntamente com altos níveis de rendimento de arroz, quando a gestão de fertilizantes N foi guiada pelo Green seeker em comparação com quando a recomendação geral de fertilizantes N foi seguida.

Foram alcançados aumentos significativos na eficiência agronómica da utilização de N (AEN), na eficiência da recuperação de azoto (REN) e na produtividade parcial do fator de N aplicado (PFPN) através da gestão de N específica do local praticada em relação às práticas de fertilização dos agricultores. O aumento da AEN em 5,26 kg kg^{-1} (63%), da REN em 0,10 kg kg^{-1} (59%) e da PFPN em 7,72 kg kg^{-1} (26%) indicou uma maior poupança de N do fertilizante com o impacto positivo da gestão do N específica do local na eficiência da utilização do N do fertilizante (Khurana *et al.*, 2008). Singh et al. (2012) observaram que a estratégia de gestão de N baseada em LCC conduziu a AEN e REN tão elevados como 29,2 kg kg-1 e 79,3%, respetivamente. A melhoria do AEN e do REN corroborou os resultados de Dobermann *et al.* (2004), que observaram uma superação do AEN e do REN em 25 kg kg-1 e 60%, respetivamente, com alto rendimento de grãos, como estratégias eficientes de gestão de N para trigo semeado oportunamente. A prática dos agricultores de aplicar doses globais de N em fases de crescimento fixas não tem em conta a variabilidade espacial e temporal no fornecimento de N ao solo e não é adequada para obter elevadas eficiências agronómicas e de recuperação do N fertilizante no trigo (Singh *et al.*, 2012). Utilizando um algoritmo de otimização da fertilização com N durante a estação, *Tubanaet al.* (2008) observaram que a eficiência da utilização de N dos fertilizantes poderia ser aumentada até 41% no trigo de inverno, o que foi apoiado por Diacono *et al.* (2013).

Para otimizar o compromisso entre rendimento, lucro e ambiente sustentável, as práticas de gestão do N devem conseguir uma melhor sincronia entre a aplicação e a procura de fertilizantes N, tendo em conta a variabilidade espacial dos fornecimentos de N no solo e a absorção de N pelas culturas. Para realizar esta tarefa, será necessário utilizar várias ferramentas de agricultura de precisão, como vários sensores de solo e de culturas, que têm a capacidade de detetar o estado do N das culturas e fornecer aplicações de N espacialmente variáveis com base na procura de N das culturas. Um sensor como o Greenseeker resultou em 15% mais NUE do que a recomendação dos agricultores no trigo (Raun *et al.*, 2002). Em comparação com a prática tradicional, a NUE foi significativamente aumentada utilizando estratégias de gestão de N baseadas em sensores activos durante a estação para o trigo de inverno (Li *et al.*, 2009; Singh *et al.*, 2011) e arroz (Yao *et al.*, 2012). Foi registado um lucro de \$25-50 ha^{-1} para a gestão do N do milho com base em sensores activos de taxa variável (Kitchen *et al.*, 2010). Da mesma forma, Scharf *et al.* (2011) observaram que a aplicação de N baseada em sensores aumentou o lucro parcial e o rendimento em \$42 ha^{-1} e 110 kg ha^{-1}, respetivamente, enquanto a taxa de aplicação de N foi reduzida em 16 kg N ha^{-1} em comparação com a prática dos agricultores locais. Estes resultados sugerem que a tecnologia baseada em sensores activos tem um elevado potencial para melhorar a gestão do N das culturas.

Por conseguinte, os sistemas agrícolas devem ser mais precisos para alcançar a rentabilidade económica e social, bem como a preservação do ambiente. A ênfase da agricultura de precisão é colocada na aplicação prática que mostra um benefício para o agricultor ao fornecer ferramentas que o podem ajudar a gerir uma empresa de dimensão crescente quando as margens económicas estão sob grande pressão. Por conseguinte, a ausência de ferramentas para recomendar as necessidades de N das culturas leva a que se ignorem as diferenças espaciais no terreno, o que resulta num maior risco de perda de N, conduzindo a uma degradação ambiental considerável (Hong *et al.*, 2007).

As principais razões para a melhoria da eficiência do uso de N foram o uso eficiente do suprimento de N do solo e a melhor sincronização entre o suprimento de N do solo e as demandas de N da cultura. *Ghoshet al.* (2017) sugeriu que o conceito de gestão de N de precisão baseado no SPAD demonstrou um potencial agronómico promissor com aumento do rendimento do trigo e da eficiência de utilização de N.

Estado de fertilidade do solo

A importância da fertilidade do solo não pode ser ignorada num sistema de produção agrícola sustentável. A fertilidade do solo diminui a um ritmo mais rápido nas zonas tropicais e subtropicais devido à rápida decomposição da matéria orgânica do solo e à subsequente perda de nutrientes das plantas a partir da zona radicular, em comparação com a zona temperada. A manutenção da fertilidade do solo numa zona de cultivo intensivo de trigo constitui um desafio para os próximos anos, em especial nas zonas tropicais e subtropicais. Neste contexto, a forma como o tempo fixo e a gestão de precisão do N no trigo contribuem para melhorar e manter o estado de fertilidade do solo é uma área importante a analisar.

Os sensores de culturas em tempo real dispõem de tecnologias de luz passivas e activas para determinar o estado do azoto através de medições de reflectância nas bandas de ondas visíveis e infravermelhas próximas. Para ter em conta as condições de variabilidade espacial e fazer corresponder melhor o fornecimento de N dos fertilizantes com as necessidades de N das culturas, Franzen *et al.* (2002) e Ferguson *et al.* (2003) desenvolveram uma abordagem baseada no solo que envolve a delimitação da variabilidade espacial em zonas de gestão, como meio de orientar as aplicações variáveis de N e melhorar a NUE. Estudos efectuados na Índia mostraram um aumento do C orgânico devido à adição de resíduos orgânicos (Brar *et al.*, 1998; Yadav e Kumar, 1998; Sharma e Prasad, 1999; Sharma *et al.*, 2000). Assim, o sistema de cultivo de cereais leva a um declínio do carbono orgânico do solo, a menos que se pratique uma fertilização adequada e a adição de resíduos orgânicos. Glendining e Powlson (1995) relataram que a aplicação de 144 kg N ha^{-1} ao trigo de inverno em Broad balk durante 122 anos causou apenas um aumento de 20% no N disponível no solo. A partir de um estudo de 3 anos em Nova Deli, Índia, Prasad e Misra (2001) observaram que um aumento no C orgânico do solo em um curto espaço de tempo pode não ser notado; mas a adição de N fertilizante e resíduos de leguminosas certamente aumentou o N disponível no solo, que foi maior após a colheita do trigo do que após a colheita do arroz. Assim, a adição de N de fertilizantes e de resíduos de leguminosas aumenta definitivamente a reserva de N lábil.

2.3 Gestão do azoto no trigo com base no SPAD

Cerca de 85% do trigo é cultivado nos PIG da Ásia do Sul. Os principais produtores são a Índia e a China, com cerca de 10 e 13 Mha, respetivamente. Outros países da região têm pequenas áreas de 2,2 Mha no Paquistão, 0,5 Mha no Bangladesh e 0,6 Mha no Nepal

(Singh e Paroda, 1994; Aslam, 1998). Adhikari *et al.* (1999) referiram que o rendimento agrícola atual no Nepal, com aplicações modestas de fertilizantes no trigo (50 kg N ha^{-1}), era de 2,7 t ha^{-1} . No Bangladesh, onde é aplicado mais N (70 kg N ha^{-1} crop^{-1}), o rendimento correspondente é de 3,1 t ha^{-1} . A Índia também registou um rendimento médio de trigo de 4,8 t ha^{-1} com as práticas dos agricultores e de 5,4 t ha^{-1} com uma gestão de nutrientes específica do local (Ladha *et al.*, 2000).

Ghosh *et al.* (2016) sugere que a gestão de N baseada no medidor SPAD poupou cerca de 30% da recomendação de fertilizante N existente no FTNM. A manutenção do valor limite SPAD de 42 com adubação de cobertura de 20 kg N ha^{-1} em cada momento teve um efeito positivo significativo no rendimento de grãos com uma economia de fertilizante N em comparação com o FTNM. O valor SPAD de 42 foi considerado crítico para o trigo no leste da Índia. As conclusões sugerem fortemente a revisão das recomendações actuais sobre a taxa e o momento da aplicação de fertilizantes N para manter o valor SPAD 42 até à fase de espigamento, a fim de melhorar o crescimento e a produtividade do trigo nas regiões subtropicais do leste da Índia.

O medidor de clorofila ou medidor SPAD surgiu como uma ferramenta de diagnóstico que pode estimar indiretamente o estado do N da cultura e ajudar no momento e na quantidade adequados de adubações com N durante a estação. Estima instantaneamente e de forma não destrutiva o estado de N da folha como conteúdo de clorofila. A folha mais jovem e totalmente expandida é a folha índice mais adequada para o SPAD nas culturas de arroz e trigo. O medidor SPAD é capaz de fornecer uma estimativa rápida e razoavelmente exacta do teor de N das folhas e do potencial de aplicação dos princípios e da tecnologia da agricultura de precisão para compreender e controlar a variação espacial e temporal nos arrozais da Malásia (Gholizadeh *et al.*, 2011).

Os valores SPAD podem ser usados para orientar as aplicações de fertilizantes N para o trigo em regiões onde os invernos são amenos, o solo é leve e os rendimentos são relativamente mais baixos, isto deve ser para alcançar uma maior eficiência de utilização de fertilizantes N em solos leves de trigo de primavera irrigado (Akhter *et al.*, 2016). Os valores SPAD das folhas de bandeira foram significativamente afectados pela gestão diferencial de fertilizantes e têm fortes correlações positivas com o rendimento de grãos em diferentes fases de crescimento do trigo (Islam *et al.*, 2014). A gestão de N baseada no medidor SPAD poupou 27 a 54% de N de fertilizante no arroz em comparação com o FTNM. Especialmente mantendo o limiar SPAD 36, a aplicação de 35 e 25 kg N ha^{-1} poderia poupar o N do fertilizante em 20 a 35% em comparação com o FTNM com um impacto positivo marginal no rendimento do grão de arroz. O valor SPAD de 36 foi considerado crítico para o leste da Índia, ao contrário do valor de 35 recomendado para as Filipinas em arroz (Ghosh *et al.*, 2013). A aplicação fraccionada de fertilizante N após o descabeçamento aumentou a acumulação de matéria seca após a floração, o que levou a aumentos no rendimento de grãos, apesar da aplicação basal de N e da aplicação de topdressing no início da raiz da coroa. Os resultados sugerem fortemente a revisão da recomendação atual sobre a taxa e o momento da aplicação de fertilizantes N, com o objetivo de manter o valor SPAD $\geq$40 até o estágio de cabeçalho e, em seguida, melhorar o crescimento e a produtividade do trigo nas regiões subtropicais do leste da Índia (Ghosh *et al.*, 2017).

O índice SPAD tem uma boa correlação com as concentrações de N nas folhas, bem como com o estado do N no solo (Follett *et al.*, 1992). A gestão da fertilização com N baseada no SPAD exige que as leituras SPAD sejam precisas e reprodutíveis. No entanto, as caraterísticas fisiológicas das folhas, tais como a estrutura celular, os movimentos dos cloroplastos e o estado da água podem ter efeitos importantes nas propriedades ópticas das folhas, pelo que o aumento dos valores SPAD em 2-3 unidades à medida que o teor relativo de água nas folhas diminui de 94 para 87,5% nas folhas de trigo. A utilização do medidor SPAD foi muito importante para detetar a taxa fisiológica do azoto para o crescimento, o rendimento e a qualidade do grão da planta de trigo (El Habbal *et al.*, 2009). Os valores SPAD foram significativamente afectados pela variedade de arroz, pelo estádio de crescimento, pela posição da folha e pelo ponto de medição numa lâmina foliar (Fang *et al.*, 2010).A capacidade do medidor de clorofila para programar a fertirrigação é promissora porque oferece a possibilidade de conservar o fertilizante e proteger o ambiente (Blackmer *et al.*,1995A relação entre as leituras SPAD e o teor de N foliar por área foliar é profundamente afetada por factores ambientais e caraterísticas foliares das espécies de culturas, que devem ser tidos em conta quando se utiliza um medidor de clorofila para orientar a gestão do N em sistemas agrícolas (Xiong *et al.*, 2015). O aumento dos valores das leituras SPAD com o estádio de crescimento foi observado aos 55 DAT e teve uma melhor relação com o N total das folhas do que aos 80 DAT na cultura do arroz Gholizadeh *et al.* (2011). O valor mais elevado do coeficiente de correlação indicou que os valores SPAD das folhas bandeira até à antese são importantes para prever o rendimento de grãos no trigo (Islam et al., 2014). Vários trabalhadores (Murdock *et al.*, 1997; Yang *et al.*, 2003;

Janaki e Thiyagrajan 2004) relataram um coeficiente de correlação significativo entre o rendimento de grãos e o teor de N das folhas, bem como com os valores SPAD registados nas fases de crescimento da cultura. Xiong *et al.* (2015) observaram que um impacto significativo do movimento de cloroplastos dependente da luz nas leituras SPAD foi observado sob baixa suplementação de N foliar em arroz e soja, mas não sob alta suplementação de N. Além disso, a alocação de N foliar para a clorofila foi fortemente influenciada por mudanças de curto prazo na luz de crescimento.

Crescimento e rendimento das culturas

No trigo, as necessidades de adubação de cobertura baseadas no N são mais complexas do que noutras culturas de cereais, porque a aplicação de N está ligada ao evento de irrigação. Geralmente, o N é aplicado ao trigo em duas partes iguais, como adubação basal e adubação de cobertura, na fase de iniciação da raiz da coroa (Meelu *et al.* 1987). Não existem critérios adequados para determinar se é ou não necessária a aplicação de N na fase de crescimento do trigo. O medidor de clorofila pode ser uma ferramenta eficaz para prever a deficiência de N no trigo. As leituras do medidor SPAD para o trigo no estádio 37 de Zadok revelaram uma boa resposta a uma terceira aplicação de fertilizante N em 91% dos casos (Zadoks *et al.* 1974). No entanto, Peltonen *et al.* (1995) observaram que a medição do medidor SPAD no estádio 37-41 de Zadok e no estádio 52-58 de Zadok pode ajudar a identificar as cultivares de trigo que respondem ou não à aplicação de N. Um valor SPAD crítico de 42 no plantio direto no trigo corresponde ao resultado de Follett *et al.* (1992) e Ghosh *et al.* (2017) para o trigo no Colorado e no leste da Índia, respetivamente.

Vidal *et al.* (1999) verificaram que os valores SPAD 40 e 45 foram considerados os limites inferior e superior, respetivamente, na América Latina para o trigo. O limite inferior, que indica uma deficiência grave de azoto nas folhas, foi de aproximadamente 35 unidades SPAD, enquanto o limite superior de 45 unidades SPAD indica um consumo excessivo. Os valores SPAD críticos para o trigo em fases críticas de crescimento têm de ser examinados através da realização de experiências em diversas condições agro-ecológicas com diferentes variedades de trigo. As leituras SPAD estavam altamente correlacionadas com o N% do caule ($R^2 = 0,80$) e o N% da folha ($R^2 = 0,94$) na fase de crescimento, tornando o SPAD um substituto eficaz do teor de N da planta. Verificou-se também que o rendimento de grãos está altamente correlacionado com as leituras SPAD na antese ($R^2 = 0,88$). No entanto, a acumulação de N na biomassa acima do solo durante o crescimento vegetativo inicial é menos importante do que na fase de crescimento reprodutivo médio e inicial (Cassman *et al.*

1996). Este facto foi corroborado por Ling (2000), que concluiu que o rendimento do trigo depende da acumulação de matéria seca após a floração. Mais tarde, Singh et al. (2005) concluíram que o medidor SPAD pode ajudar a determinar a necessidade de aplicação de N, conforme necessário, o que dependerá em grande medida do estado do N no solo, da data de plantação e do clima. Takebe *et al.* (2006) encontraram uma relação estreita entre o valor SPAD na fase de crescimento e o teor de proteínas do grão na maturidade. O seu estudo sugeriu que a aplicação de 30 kg de N ha^{-1} (se o valor SPAD fosse 50-52) ou 60 kg de N ha^{-1} (se o valor SPAD fosse 45-50) na fase de espigamento ajudava a obter um teor de proteínas do grão superior a 120 g kg^{-1} no Japão.

Utilizando o medidor SPAD no Sul da Ásia, Singh *et al.* (2002) observaram que o trigo respondia à aplicação de 30 kg N ha^{-1} quando a leitura SPAD no perfilhamento máximo era inferior a 44. Eles obtiveram um bom aumento da produção de trigo em 20% quando 30 kg N ha^{-1} foi aplicado com valor SPAD de 42 no perfilhamento máximo. No entanto, *Hussainet al.* (2003) observaram um valor SPAD crítico de 42 para orientar a aplicação de N no trigo no Paquistão. Nas planícies do Baixo Ganges do Bangladesh, a aplicação de 20 kg de N ha^{-1} em parcelas com 44 valores SPAD foi considerada ideal para a cultura do trigo (Kyaw, 2003). Maiti e Das (2006) descobriram que o SPAD 37 como valor limite funcionou muito bem para orientar as aplicações de fertilizantes N no trigo, com uma poupança de 40,0-72,5 kg N ha^{-1} em relação às práticas de gestão dos agricultores, sem redução do rendimento do grão no IGP oriental. A aplicação de 150 kg N ha^{-1} seguindo o valor limiar SPAD de 38 produziu um rendimento de grãos de trigo correspondente ao obtido com a aplicação geral de 180 kg N ha^{-1} em duas doses divididas em Pantnagar, Índia, no IGP médio (Singh *et al.*, 2010). Penget *al.* (2012) relataram que uma grande quantidade de N aplicada no perfilhamento do trigo diminuiu a produção de perfilhos efectivos e houve correlações negativas significativas (P<0,05) entre os perfilhos efectivos e a acumulação de matéria seca na fase de junção. Verificaram ainda que uma maior produção de matéria seca na fase inicial de crescimento registava um menor número de perfilhos com espiga e uma maior produção de matéria seca após a floração ou o encabeçamento produzia uma maior produção de trigo.

Atualmente, surge uma grande questão relativamente à aplicação basal de N. Geralmente, os agricultores têm uma sensação de segurança contra a perda de rendimento através da aplicação de uma dose basal de N. No entanto, a quantidade e o momento da aplicação de azoto permaneceram sempre uma questão quando a gestão de azoto baseada nas necessidades foi seguida no arroz e no trigo. Witt e Dobermann (2002) observaram que a aplicação basal de N pode ser omitida sem reduzir o rendimento económico com uma maior eficiência de utilização de N. *Shuklaet al.* (2004) também apoiaram o facto de o medidor SPAD poder ser utilizado para o fornecimento de N autóctone e o seu estudo concluiu que a dose basal de 40 kg N ha^{-1} pode proporcionar uma taxa de crescimento da cultura equivalente na fase de iniciação da raiz em coroa com a aplicação basal de 60 kg N ha^{-1} .

Eficiência na utilização do azoto

Penget *al.* (1996) referiu que as práticas de N baseadas no SPAD receberam 56 kg N ha^{-1} e produziram um rendimento de grãos comparável ao tratamento de N de calendário fixo de 90 kg N ha^{-1} . O tratamento com N baseado no SPAD teve maior REN, PFPN e um AEN de 45-110% maior do que o das práticas de gestão de N em tempo fixo. Eles descobriram que o peso seco do tecido morto e os perfilhos improdutivos na floração eram maiores no manejo de N em tempo fixo em comparação com os do manejo de N baseado no SPAD. O excesso de desenvolvimento de perfilhos e a maior biomassa de tecido morto nas práticas de gestão de N em tempo fixo foram responsáveis por um menor HI e NHI (Índice de colheita de azoto) em comparação com a gestão de N baseada no SPAD. Wang *et al.* (2001) registaram um aumento significativo do AEN em 5 kg kg^{-1} (78%), do REN em 0,11 kg kg^{-1} (61%) e do PFPN em 12 kg kg^{-1} (33%) devido à gestão de N orientada pelo SPAD em relação à prática dos agricultores na China. A sua experiência sugeriu que, durante o crescimento vegetativo, as leituras do medidor SPAD nos tratamentos de prática dos agricultores eram superiores às dos tratamentos de N baseados no SPAD, mas o inverso era verdadeiro durante as fases de crescimento reprodutivo. Khurana *et al.* (2008) sugeriram que o medidor SPAD pode melhorar o momento e/ou a divisão do fertilizante N e os seus resultados registaram um aumento da eficiência de recuperação do N de 0,17 kg kg^{-1} na prática de gestão dos agricultores para 0,27 kg kg^{-1} nas práticas de gestão do N baseadas no SPAD. No entanto, a eficiência agronómica da utilização de N no tratamento anterior foi 63% superior às práticas de gestão dos agricultores. Abrol *et al.* (2012) sugeriram que algumas ferramentas modernas, como tecnologias de agricultura de precisão, modelos de simulação, sistemas de apoio à decisão e tecnologias de conservação de recursos, também ajudam a melhorar a NUE.

Cabangon *et al.* (2011) verificaram que os valores de IEN do SPAD 35 eram significativamente mais elevados do que os do FFP, em que 180 kg N ha^{-1} foram aplicados em quatro parcelas iguais; enquanto que o SPAD 38 deu IEN semelhante à prática dos agricultores. Balasubramanian *et al.* (2000) sugeriram que, em muitos países asiáticos produtores de trigo, foi geralmente demonstrado que o mesmo rendimento poderia ser alcançado através de estratégias de gestão de N baseadas nas necessidades, com cerca de 20-30% menos fertilizante N aplicado, em comparação com as práticas de gestão dos agricultores. Embora o medidor SPAD tenha surgido como uma ferramenta fiável para orientar em tempo real as recomendações de fertilizantes N com base nas necessidades do trigo, é necessário desenvolver estratégias adequadas para o trigo. Os valores-limite SPAD devem ser calculados de forma mais racional para os diferentes grupos de variedades de trigo. Os critérios adequados para a aplicação de uma dose basal de N têm de ser modificados para discriminar os tipos de solo. É necessário realizar estudos bem planeados para avaliar o efeito da RTNM na cultura do trigo.

2.4 : Economia da gestão de precisão do N

O azoto é um nutriente crucial na produção de cereais e pode representar cerca de 15-25% dos custos de produção (Lambert e Lowenberg-DeBoer, 2000). Para aumentar a eficiência da utilização do azoto, os objectivos positivos são aumentar a rentabilidade e a sustentabilidade ambiental. Existem dois métodos principais de previsão para a aplicação de N de precisão. O primeiro método utiliza testes de solo frequentes em várias áreas de um campo, bem como cartografia GIS (Koch *et al.*, 2004). O segundo utiliza medições de reflectância ótica baseadas no nível de vegetação da cultura para estimar as necessidades de N (Alchanatis *et al.*, 2005; Raun *et al.*, 2005). Não há provas irrefutáveis de que os métodos de amostragem e deteção do solo aumentem suficientemente os lucros na produção de trigo para recuperar o custo de capital inicial das tecnologias (Anselin *et al.*, 2004; Berntsen *et al.*, 2006). No entanto, a deteção de plantas é um sistema economicamente mais viável do que a amostragem do solo e foi considerado rentável (Ortiz-Monasterio e Raun, 2007). Biermacher *et al.* (2006) efectuaram uma análise económica de 65 anos de dados de estudos de fertilidade de N em trigo de inverno nas planícies do sul dos Estados Unidos para estimar os rendimentos esperados de N uniforme versus um aplicador de taxa variável. Mostraram que as aplicações de N a taxa variável resultariam em poupanças significativas de N em comparação com a aplicação uniforme de N, quando se utiliza N a um preço de $0,55 por kg. Cui *et al.* (2008) verificaram que a estratégia de gestão do N durante a estação, baseada no valor do teste do solo, aumentou significativamente o rendimento económico do trigo em 144 dólares por hectare, reduziu o teor de nitrato-N residual na camada superior do solo de 90 cm e as perdas de N em 81 e 118 kg N ha^{-1}, respetivamente. Foi registado um lucro de 25-50 dólares por hectare para a gestão de N a taxa variável baseada em sensores activos na cultura do milho (Kitchen *et al.*, 2010). Do mesmo modo, Scharf *et al.* (2011) verificaram que a aplicação de N baseada em sensores aumentou o lucro e o rendimento em 42 dólares por hectare e 110 kg ha^{-1}, respetivamente, enquanto a taxa de aplicação de N foi reduzida em 16 kg N ha^{-1} em comparação com a prática dos agricultores locais. Estes resultados sugerem que a tecnologia baseada em sensores activos tem um elevado potencial para melhorar a gestão do N das culturas. Em comparação com a prática tradicional, a NUE aumentou significativamente com a utilização de estratégias de gestão do N durante a estação, baseadas em sensores activos, para o trigo de inverno (Singh *et al.*, 2011).

Resumo

É muito evidente, a partir da literatura acima referida, que os investigadores da Índia e do estrangeiro salientaram a necessidade de uma gestão eficaz da fertilidade, em especial do azoto, na cultura do trigo em condições edafoclimáticas variáveis. No que diz respeito à Índia, as investigações sobre a gestão do azoto no trigo foram realizadas de forma escassa na Índia ocidental (Punjab e Haryana), e este tipo de estudo é quase escasso na Índia oriental. Nas planícies indo-gangéticas da Índia, também não existe um estudo baseado em sensores sobre diferentes cultivares de trigo. Existe uma estreita relação entre a quantidade de N aplicada ao solo e o teor de N do grão, que, em última análise, determina o rendimento das culturas (Wilson *et al.*, 2001). O desafio para os investigadores é converter o N aplicado no solo em rendimento de grão com a máxima eficiência, porque o N é um dos factores de produção mais críticos para a cultura do trigo. A razão por detrás do aparente desperdício de dinheiro e da degradação do ambiente através da aplicação de fertilizantes em excesso dos que uma cultura pode utilizar é a consciência de que as recomendações gerais não são adequadas para as suas regiões individuais. Em muitas regiões, os agricultores estão habituados a aplicar azoto a níveis que excedem as doses sugeridas pelos serviços de extensão governamentais (Ghosh *et al.*, 2016). Percebendo os problemas dos agricultores, o presente estudo centra-se na utilização de um sensor de copa das culturas (medidor SPAD) para determinar a dose e a fase mais crítica para a aplicação de azoto no trigo, utilizando sete cultivares como uma abordagem de gestão do azoto baseada nas necessidades para melhorar o rendimento e a eficiência da utilização do azoto. Este estudo enfatiza o desenvolvimento de uma gestão precisa do azoto baseada em sensores para melhorar a produtividade parcial dos factores no trigo utilizando o medidor SPAD no subtrópico indiano. Isto ajudará os produtores de trigo a tomar decisões adequadas relativamente à gestão do azoto na cultura do trigo.****

Capítulo *III*

Materiais e métodos

Foi efectuada uma experiência de campo para estudar o efeito da estratégia de gestão do azoto com base nas necessidades, utilizando o medidor SPAD para manter a produtividade e a rentabilidade de forma sustentável da cultura do trigo em solos aluviais do leste da Índia. Os pormenores dos materiais utilizados e dos métodos adoptados durante o estudo são descritos neste capítulo nas rubricas seguintes:

3.1. Experimental site

A experiência de campo foi realizada na quinta experimental da Bihar Agricultural University, Sabour, Bhagalpur, Índia, na parcela número A_2 durante 2015-16 na estação seca. A localização geográfica de Bhagalpur pertence à região da planície do Médio Ganges da Zona Agroclimática III A. Situa-se entre 25° 15'40" de latitude N e 87° 2'42" de longitude E a uma altitude de 52,73 metros acima do nível médio do mar.

3.1.1. Caraterísticas do solo

O solo da parcela experimental era de textura franco-argilosa siltosa (22% de areia, 49% de silte e 29% de argila) (Método da pipeta internacional, Piper (1950), de baixa fertilidade (192 kg de N disponível ha^{-1} , 9,84 kg de P disponível ha^{-1} e 142,0 kg de K disponível ha^{-1}), de natureza neutra (pH = 7,3) e de baixa capacidade de troca catiónica (10,2 cmol(+) kg $^{-1}$). As caraterísticas físicas e químicas pormenorizadas do solo do campo experimental são apresentadas no quadro 3.1.

Tabela-3.1: Propriedades químicas do solo experimental

S.N.	Particularidades	Valor	Método utilizado	Referência
1	pH(1: 2,5 suspensão solo água)	7.3	Potenciométrico	Jackson (1973)
2	Elétrico condutividade	0,47 dSm^{-1}	Potenciométrico	Jackson (1973)
3	Carbono orgânico (%)	0.55	Método Walkley e Black	Jackson (1973)
4	Azoto disponível (kg/ha)	192 kg ha^{-1}	KMnO alcalino$_4$ método	Subbiah e Asija (1956)

| 5 | P disponível (kg/ha) | 9,84 kg ha^{-1} | Método de Olsen | Olsen *et al.* (1954) |
| 6 | R disponível (kg/ha) | 142,0 kg ha^{-1} | Método do acetato de amónio neutro 1 N | Jackson (1973) |

3.1.2 Condições climáticas

O clima de Sabour, Bhagalpur, é caracterizado por ser subtropical, com verão quente, inverno frio e precipitação moderada. Os meses de dezembro e janeiro são geralmente os mais frios, onde a temperatura média desce normalmente até aos 8,2°C, enquanto que maio e junho são os meses mais quentes, com uma temperatura média máxima de 29,6°C. A precipitação média anual é de cerca de 1207 mm (média de 10 anos), precipitando-se principalmente entre meados de junho e meados de setembro. As condições climatéricas do local experimental relativas ao período de crescimento da cultura são apresentadas nas Figuras

3.1. Os pormenores das condições meteorológicas durante o estudo na estação seca de inverno em Sabour são descritos a seguir.

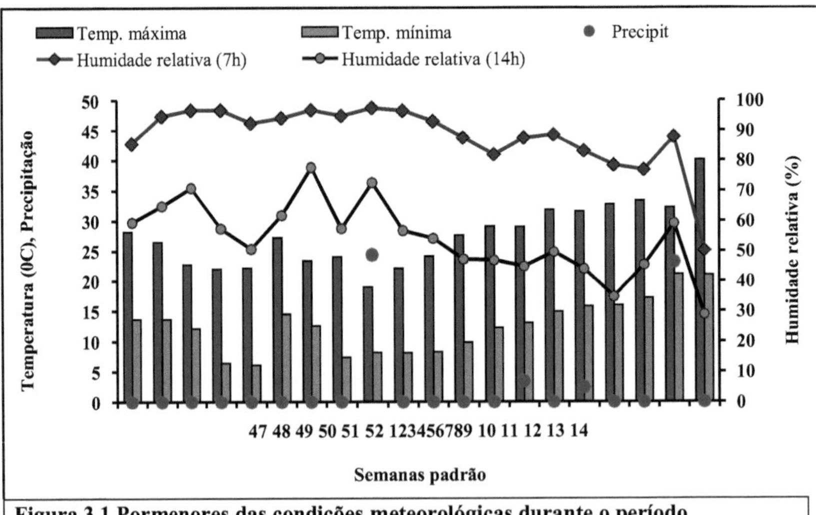

Figura 3.1 Pormenores das condições meteorológicas durante o período experimental na estação seca de inverno em Sabour

Temperatura: Em Sabour, Bhagalpur, prevaleceu um sol brilhante com tempo frio durante a estação seca. A temperatura máxima variou de 17,5-42° C e a temperatura mínima variou de 4,2-24,2° C durante 2015-2016, como mostra a Fig. 3.1 e o Apêndice I.

Precipitação: O local experimental recebeu uma precipitação total de 53,4 mm de novembro de 2015 a abril de 2016 para a cultura do trigo. Por conseguinte, para além da precipitação, também foi fornecida irrigação para o crescimento e desenvolvimento adequados da cultura.

Humidade relativa: A humidade relativa média variou entre 40,3% e 99,3% e entre 19,0% e 96,7% às 7h e às 14h, respetivamente.

3.1.3. Historial das culturas do campo

As culturas efectuadas no local experimental durante os anos anteriores são descritas no quadro 3.2. A cultura experimental foi precedida pelo arroz na estação *kharif*.

Quadro 3.2: Historial das culturas no campo experimental.

Ano	Culturas	
	Quaresma	efectuadas	Rabi
2009-10	Arroz	Grão-de-bico
2010-11	Arroz	Grão-de-bico
2011-12	Arroz	Trigo
2012-13	Arroz	Trigo
2013-14	Arroz	Trigo
2014-15	Arroz	Trigo
2015-16	Arroz	Trigo

3.2 Experimentação

Foi realizada uma experiência de campo para estudar as alterações no crescimento, rendimento, absorção de N, eficiência de utilização de N e fertilidade do solo da cultura do trigo utilizando o medidor SPAD em solo aluvial durante a estação seca (novembro-abril) do ano 2015-16.

3.2.1. Detalhes do tratamento

A experiência incluiu catorze combinações de tratamentos de dois limiares SPAD (42 e 44) como parcela principal e sete cultivares de trigo (HD 2967, HD 2985, HI 1563, PBW 343, HW 1105, HD 3086 e Sabour Samriddhi) como tratamentos de subparcelas com uma dose basal de 40-60-40 kg N-P O -K_{252} O ha^{-1} . Estas catorze combinações de tratamentos foram colocadas num esquema de parcelas divididas (SPD), replicado três vezes. O fertilizante N foi aplicado em cobertura quando o valor médio SPAD era inferior ao valor-limite, desde os 25 dias após a sementeira (DAS) até à primeira floração da cultura do trigo. A taxa de N foi de 20 kg ha^{-1} utilizada para cada adubação de cobertura com base nos limiares SPAD. A fonte de fertilizante químico é a ureia, o superfosfato simples e o muriato de potássio. Os pormenores das combinações de tratamentos são apresentados no quadro 3.3. As sementes das cultivares de trigo foram semeadas a uma distância de 20 cm entre linhas. A dimensão de cada parcela de tratamento era de cerca de 6m × 3m.

Quadro 3.3: Combinações de tratamentos no trigo

T1 = S1V1	T1 = S2V1
T2 = S1V2	T2 = S2V2
T3 = S1V3	T3 = S2V3
T3 = S1V4	T3 = S2V4
T3 = S1V5	T3 = S2V5
T3 = S1V6	T3 = S2V6
T3 = S1V7	T3 = S2V7

S_1 = SPAD 42; S_2 = SPAD 44; V_1 = HD 2967; V_2 = HD 2985; V_3 = HI 1563; V_4 = PBW 343; V_5 = HW 1105; V_6 = HD 3086; V_7 = Sabour Samriddhi;

Cada tratamento tinha três réplicas e a experiência foi conduzida num SPD (Figura 3.2).

3.2.2. As variedades de culturas

As sete cultivares de trigo designadas HD 2967, HD 2985, HI 1563, PBW 343, HW 1105, HD 3086 e Sabour Samriddhi foram utilizadas na experiência. Destes, HD 2967, PBW 343, HW 1105, HD 3086 e Sabour Samriddhi amadurecem normalmente em 130-135 dias, no entanto, HD 2985 e HI 1563 requerem 115-120 dias para amadurecer na região aluvial oriental. A época óptima de sementeira desta variedade é da segunda semana de novembro à primeira semana de dezembro e estas cultivares respondem bem até 120 kg de Nha^{-1}.

3.2.3 Acções culturais

Preparação do campo: O local experimental foi preparado através de duas lavouras cruzadas com um motocultivador. Cada aragem foi seguida de uma plantação para pulverizar o solo, as ervas daninhas, os restolhos de raízes e outros resíduos de culturas foram removidos. O nivelamento do terreno, seguido da construção de um dique, foi feito para garantir a disponibilidade uniforme de água para cada parcela. A dose basal de fertilizante foi aplicada um dia antes da sementeira da cultura do trigo. Thimate-10G a 10 kg ha^{-1} foi aplicado no arranque do trigo para controlar a formiga branca. Os pormenores das operações de campo são apresentados no Quadro 3.4.

Disposição da parcela experimental

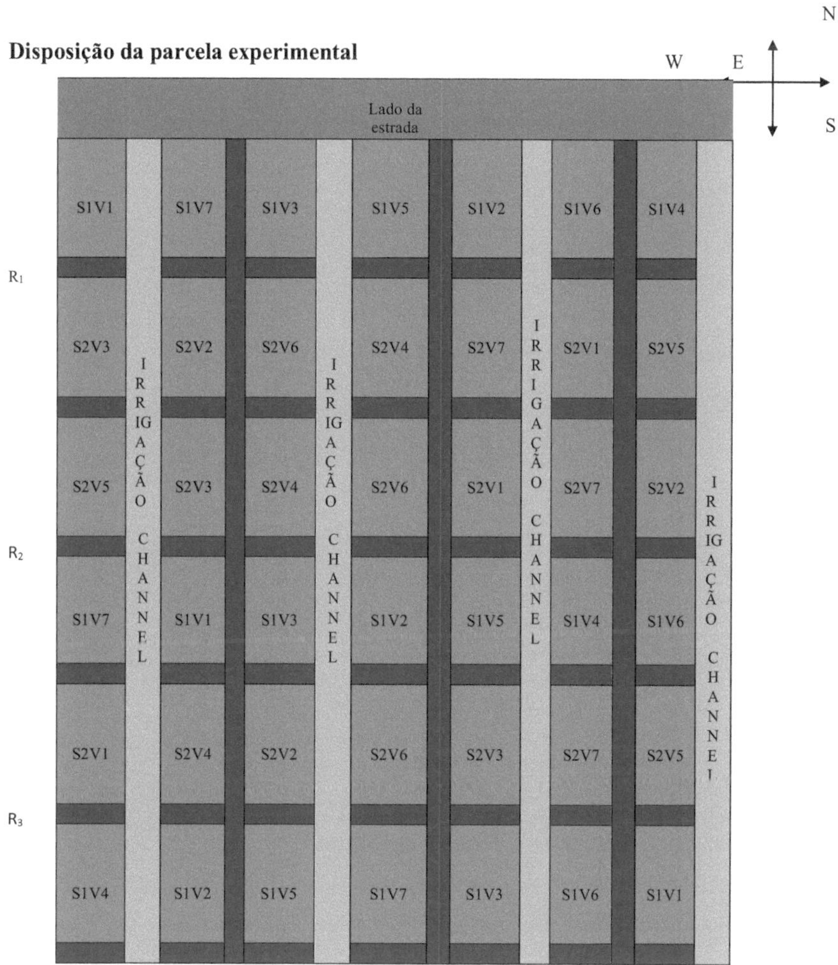

S_1 = SPAD 42; S_2 = SPAD 44; V_1 = HD 2967; V_2 = HD 2985; V_3 = HI 1563; V_4 = PBW 343; V_5 = HW 1105; V_6 = HD 3086; V_7 = Sabour Samriddhi;

Conceção: Desenho de parcelas divididas Replicações: Três (RI, RII e RIII) Tamanho da parcela: 3 m × 6 m

Figura 3.2 Planta de implantação da experiência de campo

Quadro: 3.4 Calendário das operações culturais efectuadas para o trigo durante a estação seca de 2015-16

Operações	2015-16
Preparação do terreno	23th novembro
Preparação final do terreno	29th novembro
Aplicação de fertilizantes de base	30th novembro
Semeadura	01th dezembro
Irrigação Primeiro Segundo Terceiro Quarto Quinto	26th dezembro 16th janeiro 06th fevereiro 26th fevereiro 05th março
Desbaste	25th dezembro
Monda	29th dezembro
Aplicação Thimate 10G	30th janeiro
Colheita	10th abril
Debulha	12th abril

3.3 Observações biométricas das culturas e amostras

Uma área de cada parcela foi marcada com uma espiga para amostragem destrutiva e o resto da parcela foi utilizado para a estimativa do rendimento. Foram registados vários dados biométricos em diferentes fases de crescimento da cultura a partir da área marcada com a espiga de cada parcela e o rendimento económico foi estimado na colheita final.

3.3.1 Valor SPAD

O SPAD (Soil Plant Analysis Development) utiliza dois díodos emissores de luz que emitem luz vermelha com um comprimento de onda máximo de 650 nm e uma radiação infravermelha com um comprimento de onda máximo de 940 nm. As radiações vermelha e infravermelha são preparadas para atravessar a folha. Uma parte da luz é absorvida e a restante é transmitida através da folha e convertida num sinal elétrico por um detetor de fotodíodos de silício. A quantidade de luz que atinge o detetor de fotodíodos é inversamente proporcional à quantidade de clorofila no trajeto da luz. O teor de clorofila da folha é apresentado em unidades arbitrárias (0-99,9). A medição SPAD foi iniciada a partir dos 25 DAS no trigo e prosseguiu até à floração (95 DAS) com um intervalo de 10 dias para todos os tratamentos e repetições. As folhas totalmente expandidas foram utilizadas para a medição do SPAD. As leituras foram efectuadas num dos lados da nervura central da lâmina foliar, a meio caminho entre a base e a ponta da folha. A média de 15 leituras por parcela foi considerada como o valor SPAD medido.

3.3.2 Crescimento das culturas

Altura das plantas: A altura das plantas foi medida aleatoriamente a partir de 10 plantas de trigo selecionadas em cada parcela, em diferentes fases, deixando as linhas fronteiriças. A altura da planta foi registada até à ponta da espiga mais alta de cada planta de trigo durante a fase de floração. A altura média das plantas de cada parcela foi calculada a partir dos valores medidos.

Número de perfilhos: O número de perfilhos foi contado a partir de 1m de comprimento de uma linha em dois lugares em cada parcela e o número médio de perfilhos m^{-2} foi calculado para cada parcela

Dias até à maturidade: Os dias até à maturidade foram registados por observação visual. O número de dias decorridos desde a sementeira até à maturidade foi registado quando todas as plantas da parcela líquida estavam prontas para a colheita. A perda completa da cor verde das glumas e do pedúnculo foi utilizada como critério para registar os dias até à maturidade.

Número de perfilhos efectivos por metro quadrado: Os perfilhos efectivos por metro de comprimento de linha de dois pontos em cada parcela foram contados na colheita e convertidos para por metro quadrado.

Produção de biomassa: Para a produção de biomassa, foram colhidas amostras de plantas de uma área de 50 cm × 20 cm da porção reservada em cada parcela, no início da raiz da coroa (25 DAS), no perfilhamento (45 DAS), na junção (65 DAS), na cabeça (85 DAS), na massa mole (105 DAS) e na maturidade (125 DAS). Após a recolha, as amostras de plantas acima do solo foram limpas e lavadas em água para remover a contaminação da superfície e separadas em folhas verdes, caules (folhas mortas + caule) e espigas. Depois disso, as partes das plantas foram mantidas em pacotes de papel separados que, por sua vez, foram colocados numa estufa para secagem a 65- 70°C durante cerca de 72 horas até se obterem pesos constantes. A biomassa seca das folhas, caules e cabeças de espiga foi registada. A soma dos pesos secos destas partes das plantas foi considerada como a produção total de biomassa acima do solo.

Índice de área foliar: As amostras de plantas recolhidas para a estimativa da biomassa em diferentes fases de crescimento foram utilizadas para a medição da área foliar. A área de algumas amostras de folhas frescas selecionadas foi medida com um medidor de área foliar. Estas amostras de folhas foram colocadas em pacotes de papel separados e secas numa estufa de ar quente a 70°C durante 72 horas até se obterem pesos constantes. Os pesos secos das amostras de folhas foram registados e o rácio área/peso foi utilizado para estimar a área foliar das amostras de perfilhos de trigo (Yoshida, 1981). O índice de área foliar (LAI) foi calculado utilizando a seguinte fórmula.

$$LAI = \frac{\text{Área foliar por planta (cm}^2)}{\text{Área de terra coberta (cm2)}}$$

Taxa de crescimento das culturas: As taxas de crescimento da cultura (CGR) durante os períodos de CRI até ao perfilhamento, perfilhamento até à junta, junta até ao encabeçamento, encabeçamento até à massa mole e massa mole até à maturidade do trigo foram estimadas utilizando a fórmula dada por Watson (1952).

$$\text{Taxa de crescimento da cultura (CGR)} = \frac{w_2 - w_1}{t_2 - t_1} \ \ g \ m^{-2} \ dia^{-1}$$

em que, w_2 e w_1 são os pesos secos totais final e inicial da cultura no momento t_2 e t_1 , respetivamente.

3.3.3 Componentes do rendimento

Número de cabeças de espiga: As cabeças de espiga de 1,0 m de comprimento de uma linha de cada parcela foram contadas e convertidas em número de cabeças de espiga m^{-2} .

Peso do teste: O grão cheio de 1000 unidades foi contado e pesado para cada parcela. O teor de humidade do grão de cada parcela foi determinado e o peso de teste foi convertido para um teor de humidade padrão de 12%.

3.3.4 Rendimento de grãos e índice de colheita: A cultura do trigo foi colhida na

maturidade numa área de 5,0 m^2 destinada à estimativa do rendimento de cada parcela. Foram feitos pequenos feixes depois de secar as plantas colhidas durante alguns dias no campo. Os feixes de trigo secos ao sol foram debulhados em parcelas utilizando uma debulhadora eléctrica. Os pesos dos grãos secos foram registados por parcela e convertidos em kg ha^{-1} a 12% de humidade. Do mesmo modo, os feixes de palha de ambas as culturas, após a debulha, foram secos ao sol durante 3-4 dias para reduzir o teor de humidade para cerca de 14% e os seus pesos foram registados separadamente para cada parcela e convertidos em kg ha^{-1} . O índice de colheita foi calculado pela fórmula seguinte (Nichiporovic, 1954) para cada parcela.

$$\text{Harvest Index } (\%) = \frac{Grain\ Yield}{Biological\ (Grain + Straw)Yield} \times 100$$

3.4 Nutrientes das culturas conteúdo

Foram recolhidas amostras de plantas antes de cada adubação de cobertura com N, de acordo com os tratamentos de gestão do N, e na maturidade para análise do teor de macronutrientes. As amostras de plantas foram então secas numa estufa, trituradas e armazenadas para análise química. As amostras foram analisadas para N (Yoshida e Coronel, 1976), P por método colorimétrico (Jackson, 1973) e K por método de fotómetro de chama (Jackson, 1973).

3.5 Utilização do azoto pelas culturas eficiência

Para cada tratamento, a eficiência da utilização do azoto (NUE) do trigo, tal como a eficiência interna da utilização do N (IE_N), a produtividade parcial do fator N aplicado (PFP_N), o índice de colheita do azoto (NHI) e a eficiência fisiológica da utilização do N (PE_N), tal como descrito por Swain *et al.* (2006), Huang *et al.* (2008) e Singh *et al.* (2012), foram calculados da seguinte forma

$$IE_N \ (kg \ kg^{-1}) = \frac{Grain \ yield \ (kg \ ha^{-1})}{Total \ N \ uptake \ (kg \ ha^{-1})}$$

$$PFP_N \ (kg \ kg^{-1}) = \frac{Grain \ yield \ (kg \ ha^{-1})}{Quantity \ of \ N \ fertilizer \ applied \ (kg \ ha^{-1})}$$

$$NHI \ (\%) = \frac{Grain \ N \ uptake \ (kg \ ha^{-1})}{Total \ N \ uptake \ (kg \ ha^{-1})} \times 100$$

$$PE_N \ (kg \ kg^{-1}) = \frac{Total \ above \ ground \ biomass \ (kg \ ha^{-1})}{Total \ N \ uptake \ (kg \ ha^{-1})}$$

3.6 Produtos químicos do solo análise

Foram recolhidas amostras compostas de solo do campo experimental antes do início da experiência e de cada parcela durante o período de crescimento da cultura e após o

colheita de ambas as culturas. Durante o período de crescimento das culturas, as amostras de solo foram recolhidas antes de cada aplicação de N, de acordo com os tratamentos de gestão do N. As amostras de solo foram recolhidas com um trado de 0-20 cm em cinco pontos de cada parcela e foram bem misturadas para preparar uma amostra homogénea. As amostras foram analisadas quanto ao teor de carbono orgânico, pH, N disponível pelo método alcalino $KMnO_4$, P disponível pelo método de Olsen e K disponível pelo método de extração NH_4 OAc.

3.7 Económico Análise

O custo de cultivo e os rendimentos brutos para os diferentes tratamentos foram calculados tendo em conta o preço prevalecente dos diferentes factores de produção e os resultados nos mercados locais (Apêndice XLXXI). Os rendimentos líquidos foram calculados deduzindo os custos de cultivo dos rendimentos brutos. Os rendimentos por rupia investida foram calculados dividindo os rendimentos brutos pelo custo de cultivo.

3.8 Estatística Análise

Os dados foram analisados estatisticamente através da aplicação da técnica de "Análise de Variância" (ANOVA) de um projeto de blocos completamente aleatórios (Cochran e Cox, 1985). A significância das diferentes fontes de variação foi testada pelo teste do erro quadrático médio do teste "F" de Fisher Snedecor ao nível de probabilidade de 0,05. O erro padrão da média (SEm±) e a diferença menos significativa (LSD) a um nível de significância de 5% foram calculados para cada carácter e apresentados nos quadros de resumo dos resultados para comparar a diferença entre as médias dos tratamentos. As correlações entre o nível de aplicação de N e o rendimento de grãos, o valor SPAD e o rendimento de grãos, o teor de N nas folhas e o SPAD, e o teor de N no solo e o valor SPAD para as culturas de trigo foram testadas ao nível de significância de 5%.

3.8.1   Erro padrão da média

O erro padrão da média foi calculado utilizando a fórmula:

$$\textit{Erro padrão} \quad \textit{da média} = \frac{\sqrt{EMSS}}{r}$$

Onde,

SEm ± = Erro padrão da média

EMSS= Soma média dos quadrados dos erros

r = Número de replicações em que se baseia a observação

 Diferença menos significativa

A diferença crítica a um nível de probabilidade de 5 por cento será calculada para comparar tratamentos significa que sempre que o teste 'F' foi significativo.

3.8.2. Coeficiente de variação (%)

O coeficiente de variação, ou seja, o desvio-padrão expresso em percentagem da média, será calculado do seguinte modo

$$C.V.(\%) = \frac{\sqrt{EMSS}}{Mean} \text{X } 100$$

Where,

C.V. (%) = Coefficient of variation

EMSS= Error mean sum of square; Mean = Grand mean

**Análise de Variância
(ANOVA)**

Fonte de variação	*Grau de liberdade*
Replicação	2
Parcela principal (SPAD)	1
Erro (a)	2
Subplot (Variedade)	6
Interação (M×S)	6
Erro (b)	24
Total	41

***

Capítulo-IV
Resultados experimentais

Foi conduzida uma experiência de campo para avaliar a estratégia de gestão do azoto no crescimento, rendimento, eficiência da utilização do azoto e disponibilidade de azoto no solo, utilizando o SPAD metre, um sensor ativo de cobertura vegetal, na cultura do trigo durante o ano de 2015-2016. Também foram incorporadas ilustrações para uma melhor e mais fácil compreensão dos parâmetros importantes.

A experiência foi conduzida durante a estação seca do ano 2015-16, incluindo catorze combinações de tratamento de dois níveis SPAD (42 e 44) e sete cultivares de trigo. Todos os tratamentos receberam uma dose basal única de 40:60:40 kg ha^{-1} N:P O_{25} :K_2 O e o fertilizante N adicional foi incorporado como 20 kg N ha^{-1} com base no valor SPAD. O desempenho do trigo, influenciado pelos valores SPAD, foi registado através do crescimento, dos parâmetros de rendimento, do rendimento e das eficiências de utilização do azoto.

4.1 Crescimento caracteres

Os parâmetros de crescimento registados no âmbito do estudo foram o valor SPAD, a altura da planta, o índice de área foliar (LAI), a biomassa acima do solo e a taxa de crescimento da cultura A taxa de crescimento da cultura (CGR) foi calculada a partir da acumulação de biomassa acima do solo em diferentes períodos. Os dados foram processados, analisados estatisticamente e apresentados a seguir.

4.1.1 Valor SPAD

Os valores SPAD medidos em intervalos de dez dias, desde 25 dias após a sementeira (DAS) até à floração (95 DAS), são apresentados na figura 4.1. A leitura mais alta foi encontrada entre 25 DAS e 75 DAS na maioria dos casos em estudo. Depois disso, o valor SPAD diminuiu gradualmente até aos 95 DAS. Na maioria dos casos, o valor SPAD permaneceu entre 42 e 44 para todas as variedades e quando os valores estavam abaixo do valor limite, ou seja, SPAD 42 e 44 (S42 e S44), o N foi aplicado, o que levou ao aumento do valor SPAD na fase seguinte (Fig. 4.1). Aos 85 DAS, a variedade Sabour Samriddhi registou o SPAD mais baixo, o que leva à aplicação de N nessa fase da cultura.

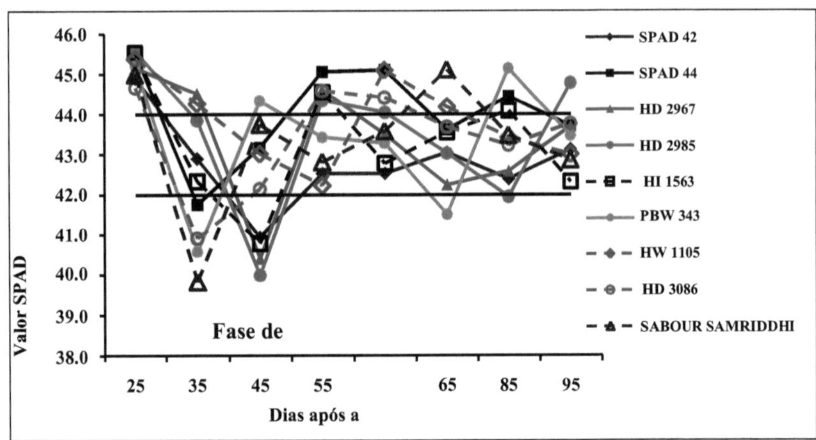

Figura 4.1: Variação nas leituras do medidor SPAD em diferentes dias após a semeadura de trigo cultivado em cobertura de N de 20 kg ha⁻¹ durante a estação seca do ano 2015-16

Quadro 4.1: Efeito de vários limiares SPAD e variedades na altura das plantas (cm) em diferentes dias após a sementeira (DAS) da cultura do trigo

Tratamentos	Taxa de N (kg ha)⁻¹	Altura da planta aos 25 DAS	Altura da planta aos 45 DAS	Altura da planta aos 65 DAS	Altura da planta aos 85 DAS	Altura da planta aos 105 DAS
Enredo principal						
SPAD 42	87	29.2	43.1	63.0	78.2	90.4
SPAD 44	108	29.4	43.5	63.8	76.6	87.5
SEm(±)	-	0.8	0.9	1.8	1.8	1.7
LSD (P=0,05)	-	NS	NS	NS	NS	NS
Subparcela						
HD 2967	97	30.0	41.0	63.0	77.6	89.0
HD 2985	93	33.0	49.3	63.2	77.1	86.4
HI 1563	103	33.1	52.2	68.3	78.6	89.2
PBW 343	97	20.5	32.6	56.4	74.8	90.0
HW 1105	90	28.5	41.4	63.5	78.0	88.3
HD 3086	97	29.0	42.3	63.7	75.4	88.0
Sabour Samriddhi	103	31.2	44.2	67.0	80.4	91.6
SEm(±)	-	0.9	0.9	2.6	3.1	2.8
LSD (p=0,05)	-	2.5	2.6	7.6	NS	NS
Interação	-	NS	NS	NS	NS	NS

4.1.2   Altura da planta

A altura da planta em diferentes estágios de crescimento de 25 a 105 DAS da cultura foi medida e apresentada na tabela 4.1. A altura da planta não variou significativamente

entre o SPAD 42 e 44 em todas as fases de crescimento; mas as práticas de gestão do N exerceram um efeito significativo entre as cultivares de trigo até aos 65 DAS (Quadro 4.1). A cultivar PBW 343 registou uma altura de planta significativamente mais baixa até aos 65 DAS, mas nos estádios de crescimento posteriores recuperou e obteve resultados iguais aos das outras cultivares. A cultivar Sabour Samriddhi alcançou a maior altura de planta na maioria dos estágios de crescimento e estava a par com HD 2967, HD 2985 e HI 1563 na maioria dos casos. O efeito de interação foi considerado não significativo durante o estudo.

Quadro 4.2: Efeito de vários limiares SPAD e variedades no índice de área foliar (LAI) em diferentes dias após a sementeira (DAS) da cultura do trigo

Tratamentos	Taxa de N (kg ha)$^{-1}$	LAI em 25 DAS	LAI em 45 DAS	LAI em 65 DAS	LAI em 85 DAS	LAI em 105 DAS
Enredo principal						
SPAD 42	87	0.39	1.51	2.40	3.76	1.09
SPAD 44	108	0.37	1.61	2.69	4.01	0.93
SEm(±)	-	0.01	0.05	0.09	0.12	0.06
LSD (P=0,05)	-	NS	NS	NS	NS	NS
Subparcela						
HD 2967	97	0.50	1.89	2.65	3.86	1.06
HD 2985	93	0.42	1.51	2.57	4 08	1.01
HI 1563	103	0.41	1.66	2.43	3.91	1.14
PBW 343	97	0.34	1.64	2.34	3.62	0.85
HW 1105	90	0.32	1.24	2.35	3.77	1.01
HD 3086	97	0.28	1.37	2.47	3.53	0.82
Sabour Samriddhi	103	0.40	1.64	3.02	4.42	1.17
SEm(±)	-	0.01	0.08	0.14	0.15	0.07
LSD (p=0,05)	-	0.04	0.24	0.40	0.44	0.22
Interação	-	0.06	0.34	NS	NS	NS

4.1.3   Índice de área foliar

O índice de área foliar (IAF) estimado em diferentes estágios de crescimento de 25 a 105 DAS foi analisado estatisticamente e apresentado na tabela 4.2 e 4.3.

As práticas de gestão do azoto exerceram um efeito significativo sobre o LAI, os resultados mostraram que o LAI aumentou de forma constante a partir do seu baixo valor aos 25 DAS até ao valor mais elevado aos 85 DAS e, em seguida, diminuiu drasticamente à medida que a cultura progrediu para a sua maturidade. O maior LAI foi registado aos 85 DAS e, entre as cultivares, a Sabour Samriddhi registou o LAI máximo (4,42), que foi atingido com a HD 2985. Observou-se que HD 2967, HD 2985, HI 1563 e Sabour Samriddhi produziram consistentemente maior LAI do que o resto das cultivares. Nos estágios iniciais (25 e 45 DAS) de

a cultura, o efeito de interação foi considerado significativo. Sabour Samriddhi com SPAD 42 registou o LAI mais elevado em ambas as fases da cultura, que foram significativamente mais elevadas quando comparadas com SPAD 44 para a mesma cultivar (Quadro 4.3). HD 2967 produziu resultados iguais aos de Sabour Samriddhi aos 45 DAS com SPAD 42. Por outro lado, HW 1105 e HD 3086 registaram um LAI significativamente mais baixo com SPAD 42 quando comparados com Sabour Samriddhi e HD 2967. O LAI aumentou consideravelmente devido ao aumento da taxa de aplicação de N em todos os níveis SPAD; mas não variou significativamente em todas as fases de crescimento da cultura entre os diferentes níveis SPAD. O índice SPAD 42 não só manteve um alto LAI como também economizou uma boa quantidade de fertilizante N.

Tabela 4.3: Efeito de diferentes limiares SPAD no índice de área foliar aos 25 e 45 DAS em cultivares de trigo contrastantes em Sabour durante a estação seca de 2015-16.

Tratamento	HD 2967	HD 2985	HI 1563	PBW 343	HW 1105	HD 3086	Sabour Samriddhi
LAI aos 25 dias após a sementeira							
SPAD 42	0.47	0.42	0.40	0.32	0.29	0.30	0.54
SPAD 44	0.52	0.41	0.43	0.36	0.35	0.26	0.27
SEm(±)	0.01						
LSD (p=0,05)	0.06						
LAI 45 dias após a sementeira							
SPAD 42	1.88	1.54	1.46	1.49	1.10	1.16	1.96
SPAD 44	1.90	1.48	1.85	1.78	1.38	1.59	1.32
SEm(±)	0.12						
LSD (p=0,05)	0.34						

4.1.4   Biomassa acima do solo

A acumulação de biomassa acima do solo registada em diferentes fases de crescimento da cultura foi analisada estatisticamente e apresentada nos quadros 4.4 e 4.5. A acumulação de biomassa acima do solo no trigo aumentou de forma constante até à maturidade da cultura. As práticas de gestão do azoto influenciaram marcadamente a acumulação de biomassa no trigo e aumentaram de forma constante devido ao aumento da taxa de cobertura de N e a diferença foi mais proeminente nas fases de crescimento reprodutivo (85 DAS a 130 DAS) (Quadro 4.4 e Figura 4.2).

Quadro 4.4: Efeito de vários limiares SPAD e variedades na biomassa total das plantas (kg ha^{-1}) em diferentes dias após a sementeira da cultura do trigo

Tratamentos Biomassa total (kg ha)$^{-1}$

Tratamentos	Taxa de N (kg ha)$^{-1}$	25DAS	45 DAS	65 DAS	85 DAS	105 DAS	130 DAS
Enredo principal							
SPAD 42	87	323	1702	4118	7441	9546	10553
SPAD 44	108	323	1632	3952	7103	10840	11639
SEm(±)	-	12	112	154	272	245	357
LSD (p=0,05)	-	NS	NS	NS	NS	NS	NS
Subparcela							
HD 2967	97	346	1745	4234	7822	11249	12264
HD 2985	93	317	1785	4313	7441	10151	11298
HI 1563	103	310	1582	3822	6624	10478	11365
PBW 343	97	278	1510	3682	6879	9338	10053
HW 1105	90	293	1348	3259	5791	9546	10378
HD 3086	97	310	1686	4074	7481	9734	10565
Sabour Samriddhi	103	406	2013	4864	8868	10856	11750
SEm(±)	-	22	152	215	380	423	465
LSD (p=0,05)	-	64	266	628	1108	1234	1357
Interação	-	91	376	888	1566	NS	NS

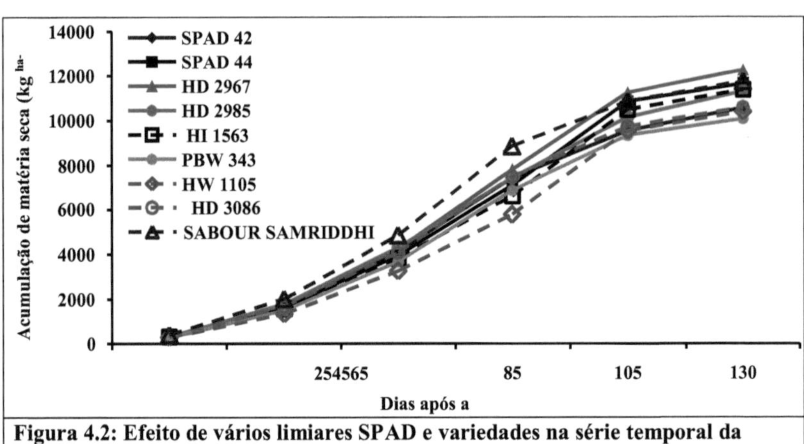

Figura 4.2: Efeito de vários limiares SPAD e variedades na série temporal da biomassa acima do solo do trigo em diferentes fases de crescimento da cultura

A diferença na acumulação de biomassa entre o SPAD 42 e 44 não foi significativa em todas as fases de crescimento da cultura. Entre os tratamentos das subparcelas, o Sabour Samriddhi

registou a biomassa mais elevada até aos 85 DAS e foi significativamente superior à maioria das cultivares. A HD 2967 e a HD 2985 produziram biomassa estatisticamente a par entre si em todas as fases de crescimento da cultura. Nas fases posteriores (105 DAS e na maturidade), a HD 2967 registou a biomassa mais elevada e a Sabour Samriddhi ficou a par das cultivares HD 2967, HD 2985 e HI1563. Isto pode dever-se à ocorrência de acamamento da cultura na Sabour Samriddhi, que não conseguiu manter a biomassa mais elevada até à maturidade. Observou-se que a Sabour Samriddhi respondeu bem e significativamente ao fertilizante N e manteve a maior biomassa no SPAD 44 quando comparada com o SPAD 42 até 85 DAS (Tabela 4.5). O resultado mostrou que a adubação de cobertura de 20 kg ha^{-1} de N no SPAD 42 foi mais propícia para melhorar a acumulação de biomassa, juntamente com a poupança de uma boa quantidade de fertilizante N sobre o SPAD 44 no trigo.

Quadro 4.5: Efeito de diferentes limiares SPAD na biomassa total das plantas aos 25, 45, 65 e 85 DAS em cultivares de trigo contrastantes em Sabour durante a estação seca de

2015-16

Tratamento	Samriddhi	HD 2967	HD 2985	HI 1563	PBW 343	HW 1105	Sabour HD 3086
25 dias após a sementeira							
SPAD 42	379	314	324	314	339	313	276
SPAD 44	312	320	297	243	247	307	536
SEm(±)	32						
LSD (p=0,05)	91						
45 dias após a sementeira							
SPAD 42	1675	1766	1817	1711	1394	1795	1756
SPAD 44	1815	1803	1346	1309	1303	1576	2269
SEm(±)	213						
LSD (p=0,05)	376						
65 dias após a sementeira							
SPAD 42	4082	4268	4392	4135	3369	4338	4244
SPAD 44	4386	4358	3253	3229	3148	3810	5484
SEm(±)	304						
LSD (p=0,05)	888						
85 dias após a sementeira							
SPAD 42	7416	7684	7763	7228	5934	8015	8047
SPAD 44	8227	7197	5485	6529	5648	6947	9689
SEm(±)	537						
LSD (p=0,05)	1566						

4.1.5 Taxa de crescimento das culturas

A taxa de crescimento da cultura (CGR) do trigo calculada para diferentes períodos de crescimento foi analisada estatisticamente e apresentada no quadro 4.6. A CGR do trigo aumentou de forma constante até à fase de floração e, após 105 DAS (fase de ordenha), diminuiu gradualmente até à maturidade. O CGR máximo foi registado entre os 65 e os 85 DAS na maioria dos casos, mantendo-se na fase seguinte da cultura. Não se obtiveram diferenças significativas entre os valores SPAD em todas as fases, exceto entre os 85 e os 105 DAS.

Quadro 4.6: Efeito de vários limiares SPAD e variedades na taxa de crescimento da cultura (g m^{-2} dia^{-1}) em diferentes dias após a sementeira da cultura do trigo

Tratamentos Taxa de N (kg ha^{-1}) 25-45 DAS 45-65 DAS 65-85 DAS 85-105 DAS 105-130 DAS

Enredo principal					
SPAD 42	87	6.90 12.08	16.61	10.53 4.03	
SPAD 44	108	6.54 11.60	15.75	18.68 3.19	
SEm(±)	-	0.53 0.21	0.59	1.06 0.42	
LSD (p=0,05)	-	NS NS	NS	6.45 NS	
Subparcela					
HD 2967	97	7.00 12.45	17.94	17.14 4.06	
HD 2985	93	7.34 12.64	15.64	13.55 4.59	
HI 1563	103	6.36 11.20	14.01	19.27 3.55	
PBW 343	97	6.16 10.86	15.98	12.30 2.86	
HW 1105	90	5.28 9.55	12.66	18.77 3.33	
HD 3086	97	6.88 11.94	17.04	11.27 3.32	
Sabour Samriddhi	103	8.03 14.26	20.02	9.94 3.58	
SEm(±)	-	0.78 0.32	0.97	3.03 0.50	
LSD (p=0,05)	-	1.40 1.81	2.84	8.85 NS	
Interação	-	NS 2.57	NS	NS NS	

Acultivar Sabour Samriddhi forneceu o CGR máximo (20 g m^{-2} dia^{-1}) entre 65 e 85 DAS e foi significativamente maior do que todas as outras cultivares, exceto a HD 2967. Posteriormente, a CGR diminuiu na Sabour Samriddhi e isso deveu-se ao acamamento da cultura dessa variedade em particular. As cultivares HD 2967, HD 2985 e HI 1563 continuaram a crescer a uma taxa admirável até à fase de ordenha (105 DAS) e depois diminuíram gradualmente. O CGR da cultivar PBW 343 foi significativamente menor do que o da HD 2967 e Sabour Samriddhi na maioria dos estágios de crescimento e foi recuperado no estágio posterior da cultura. O efeito da interação não variou significativamente nas fases de crescimento da cultura, exceto entre 45 e 65 DAS (Quadro 4.7). Observou-se que a cultivar HI 1563, PBW 343, HW 1105 produziu um valor CGR significativamente mais baixo no SPAD 44 em comparação com o SPAD 42. Isto deveu-se à aplicação fraccionada de fertilizante N com SPAD 42 na maioria das cultivares aos 45 DAS em vez de SPAD 44.

46

Tabela 4.7: Efeito de diferentes limiares SPAD na taxa de crescimento da cultura aos 45-65 DAS em cultivares de trigo contrastantes em Sabour durante a estação seca de 2015-16

Tratamento	HD 2967	HD 2985	HI 1563	PBW 343	HW 1105	HD 3086
CGR aos 45-65 dias após a sementeira						
SPAD 42	12.03	12.51	12.87	12.12	9.88	12.72	12.44
SPAD 44	12.86	12.77	9.53	9.60	9.23	11.17	16.07
SEm(±)	0.46						
LSD (p=0,05)	0.06						

4.2 Rendimento componentes

Os componentes do rendimento do trigo, tais como espigas m^{-2}, grãos de espiga^{-1}, e peso de ensaio (peso de 1000 grãos) registados na maturidade, são apresentados no quadro 4.8.

Quadro 4.8: Efeito de vários limiares SPAD e variedades no número de espigas, número de grãos, comprimento da espiga e peso de teste do trigo

Tratamentos	Taxa de N (kg ha^{-1})	Espiga m^{-2}	Grãos espiga^{-1}	Peso do teste (g)
Enredo principal				
SPAD 42	87	248	53	41.29
SPAD 44	108	245	55	41.44
SEm(±)	-	8	2	1.19
LSD (p=0,05)	-	NS	NS	NS
Subparcela				
HD 2967	97	246	59	44.87
HD 2985	93	234	55	44.20
HI 1563	103	245	53	38.74
PBW 343	97	259	46	45.44
HW 1105	90	252	51	37.51
HD 3086	97	251	57	38.75
Sabour Samriddhi	103	239	57	40.07
SEm(±)	-	13	3	2.23
LSD (p=0,05)	-	NS	10	5.68
Interação	-	NS	NS	NS

Os tratamentos de gestão do N com base no SPAD não mostraram um efeito significativo no número de espigas m^{-2} entre os valores SPAD e também entre as cultivares. No entanto, as práticas de gestão do N baseadas no SPAD exerceram um efeito significativo no número de grãos por cabeça de espiga e no peso de teste do trigo. O número mais elevado de grãos por cabeça de espiga (59) foi registado na HD 2967, que foi comparável a todas as outras variedades, exceto a PBW 343. A cultivar PBW 343 produziu um número significativamente mais baixo de grãos do que as outras cultivares, o que se reflecte no peso de teste, uma vez que a cultivar acima registou um peso de teste significativamente superior (45,44 g) ao das cultivares HI 1563, HW 1105 e HD 3086. As outras cultivares foram estatisticamente iguais entre si no que respeita ao peso de teste. No entanto, os valores SPAD não variaram significativamente entre elas no número de grãos e no peso de teste e o efeito de interação também não foi significativo para todos os componentes do rendimento.

4.3 Cultura produtividade

Apresentam-se aqui as observações registadas sobre a produtividade do trigo (rendimento de grãos, rendimento de palha e índice de colheita) em função das práticas de gestão do azoto.

4.3.1 Rendimento de grãos

O rendimento de grãos de trigo registado na maturidade de cada tratamento foi analisado estatisticamente e apresentado na tabela 4.9.

Quadro 4.9: Efeito de vários limiares SPAD e variedades na produtividade da cultura do trigo

Tratamentos	Taxa de N (kg ha $)^{-1}$	Rendimento de grãos (kg ha $)^{-1}$	Rendimento da palha (kg ha $)^{-1}$	Índice de colheita (%)
Enredo principal				
SPAD 42	87	4391	6163	0.42
SPAD 44	108	4839	6800	0.42
SEm(±)	-	357	226	0.003
LSD (p=0,05)	-	NS	NS	NS
Subparcela				
HD 2967	97	5172	7092	0.42
HD 2985	93	4643	6655	0.41
HI 1563	103	4744	6621	0.42
PBW 343	97	4228	5825	0.42
HW 1105	90	4344	6034	0.42
HD 3086	97	4355	6210	0.41
Sabour Samriddhi	103	4817	6933	0.41
SEm(±)	-	465	290	0.006
LSD (p=0,05)	-	575	846	NS
Interação	-	NS	NS	NS

As práticas de gestão de N utilizando o medidor SPAD exerceram um efeito significativo no rendimento de grãos durante o estudo. O SPAD 44 registou o maior rendimento de grãos, mas estatisticamente ao mesmo nível que o SPAD 42. No entanto, o SPAD 42 recebeu 19% menos quantidade de N do que o SPAD 44. Portanto, o SPAD 42 não só produziu uma quantidade considerável de grãos com a adubação de cobertura de 20 kg N ha^{-1} , mas também economizou uma quantidade considerável de fertilizante N. A cultivar HD 2967 produziu o rendimento máximo de grãos (5172 kg ha^{-1}) entre os tratamentos das subparcelas e foi significativamente superior ao PBW 343, HW 1105 e HD 3086. O Sabour Samriddhi também gerou uma boa quantidade de rendimento de grãos (4817 kg ha^{-1}) e foi estatisticamente igual ao HD 2967, HD 2985 e HI 1563. A interação entre os limiares SPAD e as cultivares de trigo foi considerada não significativa.

4.3.2 Rendimento em palha

O rendimento em palha do trigo registado na maturidade foi analisado estatisticamente e apresentado no quadro 4.9. Foi observada uma tendência muito semelhante no rendimento em palha e no rendimento em grão. Também aqui o maior rendimento em palha foi produzido pela cultivar HD 2967 (7092 kg ha^{-1}), seguida da Sabour Samriddhi (6933 kgha^{-1}). A HD 2967 foi significativamente superior à PBW 343, HW 1105 e HD 3086, enquanto que estas três cultivares estão estatisticamente ao mesmo nível (Quadro 4.8). Embora o SPAD 44 tenha registado um rendimento de palha 9% superior ao SPAD 42, que consumiu menos 19% de fertilizante N, são estatisticamente comparáveis em termos de rendimento de palha entre si. Isto indica que a utilização judiciosa (atempada e adequada) do fertilizante N através do SPAD pode reduzir consideravelmente a taxa de N sem reduzir a produção de palha. O efeito de interação foi considerado não significativo.

4.3.3 Índice de colheita (HI)

O HI calculado a partir do rendimento de grãos e palha foi analisado estatisticamente e apresentado na tabela 4.9. Como os rendimentos de grãos e palha responderam de forma semelhante às práticas de gestão de nutrientes, o índice de colheita não variou significativamente entre os diferentes tratamentos de práticas de gestão de N no SPAD durante o estudo. Tanto a parcela principal (índice SPAD) como a subparcela (cultivares de trigo), juntamente com o efeito de interação no índice de colheita, foram considerados não significativos durante o estudo.

4.4 Teor de azoto das culturas e absorção

Amostras de plantas colhidas em cada parcela com um intervalo de 20 dias desde o início da raiz da coroa (25 DAS) até à maturidade do trigo foram utilizadas para estimar o teor de N na folha. A absorção de N nas partes da planta na maturidade da cultura também foi analisada. Os resultados são resumidos a seguir.

4.4.1 Teor de N nas folhas

Os teores de azoto na folha de trigo em diferentes fases foram estimados, analisados estatisticamente e apresentados na figura 4.3 e na tabela 4.10.

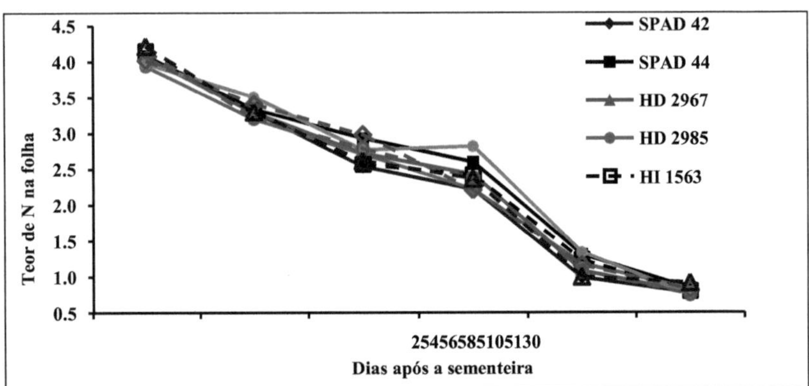

Figura 4.3: Efeito de vários limiares SPAD e variedades no teor foliar de N do trigo em diferentes fases de crescimento

Quadro 4.10: Efeito de vários limiares SPAD e variedades no teor de N foliar total em diferentes dias após a sementeira (DAS) da cultura do trigo

Teor total de N nas folhas (%)

Tratamentos	25 DAS	45 DAS	65 DAS	85 DAS	105 DAS	130 DAS
Enredo principal						
SPAD 42	4.06	3.30	2.54	2.22	0.99	0.77
SPAD 44	4.09	3.34	2.93	2.60	1.31	0.83
SEm(±)	0.10	0.10	0.07	0.08	0.06	0.02
LSD (p=0,05)	NS	NS	NS	NS	NS	NS
Subparcela						
HD 2967	4.07	3.29	2.72	2.43	1.08	0.77
HD 2985	3.94	3.20	2.71	2.22	1.18	0.83
HI 1563	4.15	3.32	2.57	2.42	1.23	0.79
PBW 343	3.98	3.51	2.77	2.82	1.34	0.74
HW 1105	4.02	3.41	2.98	2.21	1.16	0.82
HD 3086	4.15	3.22	2.79	2.38	1.07	0.75
Sabour Samriddhi	4.22	3.30	2.62	2.37	1.00	0.91
SEm(±)	0.18	0.15	0.12	0.15	0.10	0.04
LSD (p=0,05)	NS	NS	NS	NS	NS	NS
Interação	NS	NS	NS	NS	NS	NS

50

O teor de N na folha de trigo sob diferentes níveis de SPAD foi de cerca de 4,07% no início da raiz da coroa (CRI); depois disso, diminuiu gradualmente até à maturidade da cultura durante o estudo (Fig. 4.3). Os tratamentos de gestão de N não influenciaram significativamente o teor de N na folha de trigo, uma vez que as parcelas principais e as subparcelas foram estatisticamente iguais entre os tratamentos em todas as fases de crescimento da cultura. O teor de N na folha aumentou devido ao aumento da adubação de cobertura com N a níveis SPAD mais elevados em diferentes fases de crescimento. O maior teor de N nas folhas foi registado no SPAD 44 em todas as fases, mas é comparável ao SPAD 42. O efeito de interação não foi considerado significativo.

4.4.2 Absorção de azoto

A absorção de N na folha, caule e grão na maturidade do trigo foi determinada multiplicando os teores de nutrientes da folha, caule e grão pela respectiva biomassa seca na fase de maturidade durante o estudo e é apresentada no quadro 4.11.

Quadro 4.11: Efeito de vários limiares SPAD e variedades na absorção de azoto (kg ha⁻¹) na planta de trigo

Tratamento s N rat (kg ha^{-1})e		Absorção de azoto nas folhas de trigo	Absorção de N no caule do trigo	Absorção de N no grão de trigo	Absorção total de N
Enredo principal					
SPAD 42	87	5.7	19.5	88.6	113.7
SPAD 44	108	6.5	24.1	95.3	126.2
SEm(±)	-	0.2	1.4	0.6	1.3
LSD (p=0,05)	-	NS	NS	NS	3.7
Subparcela	-				
HD 2967	97	6.7	23.6	91.5	121.8
HD 2985	93	6.4	22.9	96.2	125.5
HI 1563	103	6.3	21.9	97.0	125.3
PBW 343	97	5.3	18.5	85.5	109.3
HW 1105	90	5.9	18.9	90.8	115.6
HD 3086	97	5.4	20.3	78.7	104.5
Sabour Samriddhi	103	7.4	26.3	104.0	137.7
SEm(±)	-	0.5	1.7	6.3	5.6
LSD (p=0,05)	-	1.3	5.1	16.3	18.4
Interação	-	NS	NS	NS	NS

Folha e caule: A absorção de N nas folhas e no caule é comparável entre os níveis SPAD, embora o SPAD tenha registado uma absorção ligeiramente superior à do SPAD 42. Entre os

Nos tratamentos de subparcelas, a Sabour Samriddhi obteve a maior absorção de N nas folhas (7,41 kg ha^{-1}) e no caule (26,26 kg ha^{-1}), seguida pela HD 2967. A absorção de N na folha e no caule da Sabour Samriddhi foi significativamente superior à da PBW 343, HW 1105 e HD 3086, enquanto que as restantes cultivares estão ao mesmo nível da Sabour Samriddhi. A PBW 343 registou a menor absorção de N no caule e nas folhas na maturidade entre os tratamentos das subparcelas. O efeito de interação para todos os casos foi considerado não significativo.

Grão: A absorção de N no grão seguiu quase a mesma tendência que na folha e no caule. As parcelas principais permaneceram não significativas e, entre as subparcelas, a Sabour Samriddhi registou a absorção máxima de N no grão, que foi significativamente superior à PBW 343 e HD 3086. A cultivar HI 1563 também registou uma quantidade significativa de absorção de N (97,02 kg ha^{-1}) que foi comparável à Sabour Samriddhi, HD 2967 e HD 2985 (Quadro 4.11). O efeito de interação foi considerado não significativo.

Absorção total de N: O aumento do nível de valores SPAD aumentou a absorção total de N pelo trigo. O SPAD 44 apresentou uma absorção total de N significativamente mais elevada (10%) quando comparado com o SPAD 42, o q u e se d e v e a uma maior produção de biomassa no SPAD 44. No entanto, foi muito proeminente que, embora o SPAD 42 tenha produzido significativamente 10% menos absorção total de N, também consumiu 19% menos quantidade de fertilizante N. Entre todos os tratamentos na subparcela, a maior absorção total de N foi registada no Sabour Samriddhi (137,7 kg ha^{-1}), que foi significativamente superior ao PBW 343, HW 1105 e HD 3086. As cultivares HD 2967, HD 2985 e HI 1563 estão estatisticamente a par da Sabour Samriddhi na produção de absorção total de N. O efeito de interação foi considerado não significativo durante o estudo (Quadro 4.11).

4.5 Utilização do azoto eficiência

A eficiência do nitrogênio aplicado em termos de produtividade parcial do fator N aplicado (PFPN), eficiência interna de uso do N (IEN), índice de colheita de nitrogênio (NHI) e eficiência fisiológica de uso do N (PEN) foram calculados durante o estudo e apresentados na tabela 4.12.

4.5.1 Produtividade parcial dos factores de produção aplicada N

O PFPN foi calculado, analisado estatisticamente e apresentado na tabela 4.12. As práticas de gestão do N sob níveis SPAD não mostraram efeito significativo no PFPN do trigo. O PFPN diminuiu com o aumento dos níveis SPAD 44, devido ao aumento da taxa de cobertura de N. Entre os tratamentos das subparcelas, o valor mais alto de PFPN (54,05 kg^{-1}) foi registado em HD 2967, que foi significativamente superior a todas as outras cultivares, exceto HD 2985. As outras cultivares mantiveram-se a par umas das outras. A Sabour Samriddhi registou um valor inferior de PFPN em comparação com a HD 2967, embora tenha tido um bom desempenho em relação a outros parâmetros. No geral, a HD 2967 registou um valor de PFPN 12,8% superior ao das outras cultivares. O efeito de interação foi considerado não significativo.

Quadro 4.12: Efeito de vários limiares SPAD e variedades na eficiência de utilização do azoto do trigo na maturidade

Tratamentos	Taxa de N (kg ha)$^{-1}$	PFPN (kg kg)$^{-1}$	IEN (kg kg)$^{-1}$	NHI (%)	PEN (kg kg)$^{-1}$
Enredo principal					
SPAD 42	87	50.95	39.12	0.78	93.84
SPAD 44	108	45.23	38.83	0.75	93.41
SEm($\pm$)	-	0.98	1.16	0.01	2.98
LSD (p=0,05)		NS	NS	NS	NS
Subparcela					
HD 2967	97	54.05	42.60	0.75	101.17
HD 2985	93	49.80	37.24	0.77	90.49
HI 1563	103	46.61	38.30	0.77	91.72
PBW 343	97	44.69	39.15	0.78	92.85
HW 1105	90	48.48	37.91	0.78	90.52
HD 3086	97	45.93	42.24	0.75	102.39
Sabour Samriddhi	103	47.07	35.38	0.76	86.24
SEm($\pm$)	-	1.82	2.13	0.02	4.90
LSD (p=0,05)		5.31	6.20	NS	14.29
Interação	-	NS	NS	NS	NS

4.5.2 Eficiência da utilização interna de N

O IEN também conhecido como eficiência de uso do N para produção de grãos foi estimado, analisado estatisticamente e apresentado na tabela 4.12. O IEN também não variou significativamente entre os níveis de SPAD nas parcelas principais. Aqui a cultivar HD 2967 registou o IEN mais elevado (42,6 kg kg^{-1}) e foi estatisticamente superior à Sabour Samriddhi que registou o IEN mais baixo entre os tratamentos das sub-parcelas. Todas as outras cultivares estão estatisticamente a par da HD 2967. O efeito de interação foi considerado não significativo.

4.5.3 Índice de colheita de azoto

O NHI foi estimado, analisado estatisticamente e apresentado na tabela 4.12. As práticas de manejo do N tiveram efeito muito pequeno sobre o NHI do trigo. Em geral, o NHI não variou significativamente entre os níveis SPAD, bem como entre as cultivares na subparcela. O efeito de interação também não foi significativo.

4.5.4 Eficiência fisiológica na utilização do N

O PEN foi calculado durante o estudo e foi analisado estatisticamente e apresentado na tabela 4.12. Aqui a cultivar HD 3086 registou o PEN máximo (102.39 kg kg^{-1}) que foi significativamente superior à cultivar Sabour Samriddhi e foi estatisticamente a par com HD2967 (101.17 kg kg^{-1}). A Sabour Samriddhi registou o valor mais baixo de PEN nos tratamentos das subparcelas. As outras cultivares permaneceram não significativas entre si. A PEN com os níveis SPAD 42 e 44 foram comparáveis durante o estudo e o efeito de interação foi considerado não significativo.

4.6 Valor SPAD ótimo nas fases de crescimento desejadas da cultura para uma produção máxima de grão

As relações entre o teor de N foliar e o valor SPAD foram positivas e significativas (p≤0,01) no perfilhamento ($R^2 = 0,47$), estágio (45 DAS) da cultura. O conteúdo médio de N foliar foi medido no CRI e no estágio de perfilhamento da cultura, que foi de 4,07% e 3,32%, respetivamente. Ajustando esses valores de teor de N foliar na equação linear da curva de correlação entre N foliar e SPAD, o SPAD desejado foi medido como

45,3 e 42,0 para CRI e estágio de perfilhamento, respetivamente, para rendimento máximo de grãos. Como o teor de N foliar e o valor SPAD se correlacionaram linearmente, os valores SPAD desejados nos estágios de crescimento acima foram 45,3 e 42,0 para o teor de N foliar derivado (média de sete cultivares) para maximizar o rendimento de grãos. Os resultados indicaram claramente que o estágio de perfilhamento é o estágio mais crítico de crescimento da cultura quando comparado com o estágio CRI, pois o SPAD desejado permaneceu abaixo do valor limite no estágio de perfilhamento (Tabela 4.13).

Quadro 4.13: Relações entre o teor de N nas folhas e o valor SPAD em diferentes fases de crescimento do trigo e o valor SPAD para o rendimento máximo de grãos

Fases de crescimento	Relação (N foliar e valor SPAD)	R^2 valor	Valor SPAD pretendido
IRC	$Y = -0,476X + 47,16$	0.04	45.3
Tillering	$Y = 5,988X + 22,17$	0.47**	42.0

**indica significância a $p = 0,01$

4.7   Fertilidade do solo status

A série temporal do estado do N disponível no solo a 0-20 cm de profundidade foi determinada e apresentada aqui. O pH, o carbono orgânico, os teores de N, P e K disponíveis na profundidade de 0-20 cm do solo após a colheita da cultura foram estimados e analisados estatisticamente.

Quadro 4.14: Efeito de vários limiares SPAD e variedades na série cronológica do estado do N disponível no solo para o trigo

Estado do N disponível no solo (kg ha)$^{-1}$

Tratamento	Taxa de N (kg ha)$^{-1}$	25 DAS	35 DAS	45 DAS	55 DAS	65 DAS	75 DAS	85 DAS	95 DAS	105 DAS	130 DAS
Enredo principal											
SPAD	4287	250	232	209	194	186	188	181	177	179	169
SPAD	44108	249	226	216	205	199	194	191	178	177	170
SEm(±)	-	9	7	4	5	3	4	3	2	1	4
LSD (p=0,05)	-	NS	NS	NS	NS	NS	NS	NS	NS	NS	NS
Subparcela											
HD	296797	252	242	207	203	191	181	181	177	174	170
HD	298593	247	236	201	199	194	190	178	182	183	177
HI	1563103	258	240	212	212	188	188	192	174	170	162
PBW	34397	247	218	221	195	189	195	192	176	184	172
HW	110590	243	229	215	190	197	192	182	175	175	165
HD	308697	248	224	214	201	196	192	189	179	183	167
Sabour 103		251	211	218	198	192	199	188	180	176	172
SEm(±)	-	15	11	7	7	4	6	5	3	5	7
LSD (p=0,05)	-	NS	NS	NS	NS	NS	NS	NS	NS	NS	NS
	Interação-	NS	NS	NS	NS	NS	NS	NS	NS	NS	NS

Os dados do azoto disponível no solo em diferentes fases de crescimento, dos 25 DAS aos 135 DAS da cultura, foram medidos e apresentados no quadro 4.14 e na figura 4.4. O azoto disponível mostrou uma tendência decrescente até à fase de maturidade em todos os tratamentos e não variou significativamente entre os limiares SPAD, bem como entre as cultivares. O máximo de azoto disponível no solo foi obtido aos 25 DAS em todos os casos, mas situava-se a um nível inferior e, à medida que o crescimento da cultura aumentava, o estado diminuía. O efeito de interação também não foi significativo.

4.7.1 Carbono orgânico

O teor de carbono orgânico oxidável no solo na maturidade da cultura foi analisado e apresentado na Tabela 4.15. O conteúdo de carbono orgânico na parcela principal e

O valor máximo foi registado em HD 3086 (0,57%). O valor máximo foi registado em HD 3086 (0,57%). O efeito de interação também foi considerado não significativo durante o estudo para todos os casos.

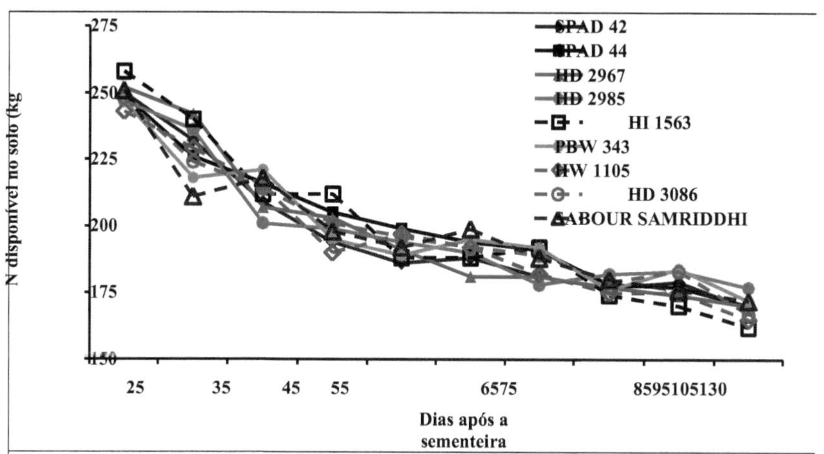

Figura 4.4: Efeito de vários limiares SPAD e variedades no estado do N disponível no solo para o trigo em diferentes fases de crescimento

4.7.2 Estado do pH do solo

Os dados do pH do solo na maturidade foram medidos e apresentados no Quadro 4.15.

Quadro 4.15: Diferentes práticas de gestão do azoto utilizando o medidor SPAD no carbono orgânico oxidável, pH, P e K disponíveis (kg ha^{-1}) após a colheita do trigo

Tratamentos	Orgânico oxidável carbono (%)	pH	Disponível P	Disponível K
Enredo principal				
SPAD 42	0.55	7.1	10.49	135
SPAD 44	0.56	7.2	10.54	138
SEm(±)	0.01	0.09	0.16	3
LSD (p=0,05)	NS	NS	NS	NS
Subparcela				
HD 2967	0.55	7.2	10.51	134
HD 2985	0.55	7.1	10.10	140
HI 1563	0.56	7.2	10.24	138
PBW 343	0.55	7.1	10.40	137
HW 1105	0.55	7.1	10.40	135
HD 3086	0.57	7.2	10.66	134
Sabour Samriddhi	0.55	7.2	11.29	136
SEm(±)	0.01	0.08	0.29	4
LSD (p=0,05)	NS	NS	NS	NS
Interação	NS	NS	NS	NS

O estado final do pH seguiu a mesma tendência que o teor de carbono orgânico. Não se registou um efeito significativo nos tratamentos principais e nas subparcelas. O solo apresentou um estado quase neutro a ligeiramente alcalino em todos os casos durante o estudo. O efeito de interação não foi significativo.

4.7.3 Fósforo

Os dados de P disponível no solo na maturidade da cultura foram medidos e apresentados no Quadro 4.15. O maior P disponível no solo foi observado na HD 3086 entre as cultivares e a SPAD 44 também mostrou um P disponível ligeiramente maior do que a SPAD 42. No entanto, a parcela principal, a subparcela e a interação permaneceram não significativas durante o estudo em todos os casos.

4.7.4 Potássio

Os dados de K disponível no solo na maturidade da cultura foram medidos e apresentados no Quadro 4.15. O K disponível no solo não variou significativamente entre as subparcelas e entre as parcelas principais. Todos os valores de K disponível mostraram um estado médio no solo. O efeito de interação foi considerado não significativo.

## 4.8	Economia

O custo da cultura do trigo, o rendimento bruto, o rendimento líquido e o rendimento por rupia investida foram estimados, analisados estatisticamente e apresentados no Quadro 4.16.

Quadro 4.16: Efeito de vários limiares SPAD e variedades na economia da produção de trigo

Tratamentos	N rate	Custo de cultivo	Rendimento bruto	Rendimento líquido	Devolução/Rs.
	(kg ha)$^{-1}$	(Rs. ha$^{-1)}$	(Rs. ha$^{-1)}$	(Rs. ha)$^{-1}$	Investido
Enredo principal					
SPAD 42	87	31530	75102	43572	2.38
SPAD 44	108	32119	82779	50660	2.58
SEm(±)	-	19	2333	2324	0.07
LSD (p=0,05)		115	NS	NS	NS
Subparcela					
HD 2967	97	31811	88215	56404	2.77
HD 2985	93	31717	79626	47909	2.51
HI 1563	103	31998	81088	49089	2.53
PBW 343	97	31811	72154	40343	2.27
HW 1105	90	31624	74205	42581	2.35
HD 3086	97	31811	74638	42827	2.34
Sabour Samriddhi	103	31998	82658	50659	2.58
SEm(±)	-	129	3321	3234	0.10
LSD (p=0,05)	-	NS	9694	9438	0.29
Interação	-	NS	NS	NS	NS

O maior custo de cultivo de trigo (Rs. 32.119 ha^{-1}) foi observado no SPAD 44 e foi significativamente superior ao SPAD 42. Isso se deveu à maior dose de fertilizante no SPAD 44; mas a diferença no custo de cultivo do trigo entre as cultivares foi considerada não significativa. O efeito de interação também foi considerado não significativo. O rendimento bruto e líquido da FTNM foi comparável com o SPAD 42 e 44, mas o b s e r v o u - s e uma diferença significativa entre as cultivares. Os maiores retornos brutos (Rs. 88215 ha^{-1}) e líquidos (Rs. 56404 ha^{-1}) foram obtidos na HD 2967, que foi comparável à Sabour Samriddhi. A variedade Sabour Samriddhi também registou uma boa quantidade de retornos brutos (Rs. 82658 ha^{-1}) e líquidos (Rs. 50659 ha^{-1}). Os rendimentos mais baixos foram obtidos pela PBW 343 e foram significativamente inferiores aos da HD 2967 e da Sabour Samriddhi. O efeito de interação foi considerado não significativo em todos os casos durante o estudo. O retorno máximo por rupia investida no sistema de produção de trigo baseado no SPAD foi observado no HD 2967 (2,77) seguido pelo Sabour Samriddhi (2,58). O HD 2967 foi significativamente mais alto que o PBW 343, HW 1105 e HD 3086; mas estatisticamente a par do Sabour Samriddhi, HD 2985 e HI 1563. Entre os tratamentos das subparcelas, o

PBW 343 registou o menor rendimento por rupia investida durante o estudo. Os SPAD 42 e 44 não variaram significativamente e o efeito de interação não foi significativo. Como os tratamentos das parcelas principais para o rendimento bruto, o rendimento líquido e o rendimento por rupia investida não foram significativos, do ponto de vista económico e sustentável o SPAD 42 pode ser considerado para a produção de trigo na zona aluvial do leste da Índia.

***

<h1 style="text-align:center"><u>Capítulo V</u></h1>
<h1 style="text-align:center"><u>Discussão</u></h1>

A agricultura está prestes a produzir alimentos para 7,5 mil milhões de pessoas em todo o mundo até ao ano 2020. Os fertilizantes produtivos e as tecnologias de sementes introduzidas nas últimas três décadas estão a chegar a um ponto de diminuição dos rendimentos (Bouis 1993; Cassman *et al.*, 1995). As perspectivas de expansão da irrigação de baixo custo (Rosegrant e Svendsen 1993; Carruthers *et al.*, 1997) e de conversão de terras marginais em terras aráveis produtivas (Crosson e Anderson 1992) estão a tornar-se cada vez mais limitadas. Para a sustentabilidade a longo prazo da agricultura, a aplicação inadequada de fertilizantes e a gestão incorrecta dos recursos naturais têm prejudicado o ambiente (Bumb e Baanante, 1996; Henao e Baanante 1999). Por conseguinte, serão necessárias abordagens eficazes e eficientes de remoção e devolução de nutrientes ao solo, a fim de manter a sustentabilidade e a rentabilidade.

Atualmente, permanece a controvérsia sobre quando e quanto fertilizante deve ser aplicado; se as estratégias de gestão baseadas nas necessidades trazem ou não vantagens sensoriais quando comparadas com as convencionais. No presente estudo, as cultivares de trigo com práticas de gestão do N baseadas nas necessidades, através de um sensor ativo da copa das culturas, reflectem o efeito no crescimento, no rendimento e no estado de fertilidade do solo. Os resultados do estudo sobre **"Avaliação da estratégia de gestão do azoto utilizando o medidor SPAD para o trigo irrigado (*Triticum aestivum* L.)"** no leste da Índia foram apresentados no capítulo anterior. Neste capítulo, procurou-se estabelecer a relação de causa e efeito das variações induzidas por diferentes níveis de SPAD e cultivares de trigo.

5.1 Efeito da gestão de N baseada no SPAD no desempenho do trigo

5.1.1 Crescimento e rendimento do trigo

Apesar de receber uma menor taxa de aplicação de N no SPAD 42, a altura da planta e o LAI em diferentes estádios de crescimento do trigo foram comparáveis aos obtidos com o SPAD 44. Isto deveu-se à aplicação fraccionada de fertilizante N na quantidade certa e no momento certo com base na leitura do medidor de clorofila (Huang *et al.*, 2008; Ghosh *et al.*, 2017; Singh *et al.*, 2010). A altura da planta foi ligeiramente inferior no SPAD 42 e na cultivar PBW 343; mas em fases posteriores de crescimento PBW 343 recuperou e registou um resultado a par com os outros. A adubação de cobertura com N 20 kg ha^{-1} no SPAD 42 registou LAI e CGR elevados durante a fase de antese do trigo, comparáveis aos obtidos no

SPAD 44. O alto LAI durante o período de antese foi responsável pelo aumento da CGR com alto acúmulo de matéria seca após a floração. A acumulação de matéria seca após a floração está associada ao rendimento de grãos e quanto maior for a produção de matéria seca após a floração, maior será o rendimento de grãos (Ling, 2000; Peng *et al.*, 2012). A cultivar Sabour Samriddhi aumentou significativamente a acumulação de matéria seca no SPAD 44, em comparação com o SPAD 42, dos 25 DAS aos 85 DAS, e a biomassa da cultivar anterior manteve-se mais elevada do que a das restantes variedades. Isto deveu-se a uma maior taxa de consumo de fertilizante N e a um crescimento vegetativo luxuriante nas fases iniciais sem grande efeito no crescimento reprodutivo (produtividade de grãos) da cultura (Quadro 4.5) (Hussain *et al.*, 2003; Pirjo *et al.*, 2009; Peng *et al.*, 2012). Os resultados do índice SPAD mostram claramente que a aplicação de 40 kg de N ha^{-1} como basal leva a um bom estado de fertilidade até 25 DAS e esta fase pode ser substituída por 35 DAS ou 45 DAS como primeira cobertura de N para o trigo (Figura 5.1). Singh *et al.* (2013) referiram que as práticas de gestão do N baseadas no SPAD, ou seja, a aplicação de N em parcelas na fase de perfilhamento máximo (35 DAS), podem aumentar o rendimento do trigo em 1,0 ou 0,5 t ha^{-1}. A partir dos resultados, observou-se que uma aplicação fraccionada de fertilizante N numa fase de crescimento mais tardia (85 DAS), apesar da aplicação basal e da fase de iniciação da raiz em coroa (25 DAS), pode aumentar a acumulação de matéria seca, o que leva a um aumento do rendimento de grãos do trigo. Ling (2000) referiu que o rendimento do trigo depende da acumulação de matéria seca após a fase de crescimento ou floração. Por conseguinte, o momento da aplicação de N desempenha um papel crucial na determinação do rendimento de grãos do trigo.

Componentes de rendimento como cabeça de espiga^{-2}, grãos de cabeça de espiga^{-1}, e peso de teste (peso de 1000 grãos) são comparáveis entre os níveis SPAD. No entanto, no SPAD 44, o consumo de N do fertilizante foi de cerca de 108 kg ha^{-1} e foi 19% superior ao do SPAD 42. Apesar de consumir uma dose 19% maior de fertilizante N, o SPAD 44 não mostrou qualquer efeito significativo sobre os atributos de rendimento. O resultado indica que a aplicação de N com base nas necessidades através da estratégia de gestão SPAD pode levar a um aumento da eficiência da utilização de fertilizantes pela cultura. Estes resultados estão de acordo com os de Ghosh *et al.* (2017), e Singh *et al.* (2010).

A adubação de cobertura de N, 20 kg ha^{-1} no SPAD 42 e 44 produziu maior número de grãos de cabeça de espiga^{-1} e peso de teste de trigo em HD 2967 seguido por Sabour Samriddhi do que aqueles em PBW 343. Isto deveu-se ao menor valor de LAI e à acumulação de matéria seca desde a fase inicial até à antese no PBW 343. O aumento da matéria seca durante o enchimento de grãos promoveu a produção de grãos e o peso de teste e, finalmente, aumentou o rendimento de grãos na cultivar HD 2967 e Sabour Samriddhi (Garcia e Garcia 1995; Ling 2000; Pirjo *et al.*, 2009). O rendimento de grãos, o rendimento de palha e o índice de colheita são comparáveis entre os níveis SPAD, o que indica que o SPAD 42 pode ser eficaz para manter o elevado rendimento de grãos de trigo em solo aluvial do leste da Índia. A otimização do valor SPAD nas fases críticas do trigo é muito importante para regular o crescimento e maximizar a produtividade dos grãos e varia consoante a região, a estação e as variedades de culturas. O limiar SPAD de 37 nas planícies indo-gangéticas orientais e o limiar SPAD de 38 nas planícies indo-gangéticas médias (Singh *et al.*, 2010; Singh *et al.*, 2012) funcionaram bem para orientar a fertilização com N no trigo. No entanto, o limiar SPAD de 42 no Paquistão (Hussain *et al.*, 2003) e o limiar SPAD de 44 no Bangladesh (Kyaw, 2003) podem ser utilizados para orientar a gestão do N no trigo. No nosso estudo, o SPAD 44 e o 42 tiveram um rendimento de grão comparável, mas o SPAD 42 teve menores necessidades de N do que o SPAD 44. Por conseguinte, o limiar SPAD ideal para uma gestão de precisão do N com o objetivo de aumentar o rendimento de grãos e melhorar a eficiência da utilização do N foi 42. Entre as cultivares, o maior rendimento de grãos (5172 kg ha^{-1}) produzido por HD 2967 seguido por Sabour Samriddhi (4817 kg ha^{-1}) foram comparáveis a HD 2985 e HI 1563. O menor rendimento de grãos, apesar de receber a alta taxa de N no PBW 343, foi devido ao número relativamente menor de cabeças de espiga por m^2 e grãos por cabeça de espiga em comparação com HD 2967 e Sabour Samriddhi (Singh *et al.*, 2010; Peng *et al.*, 2012; Walsh *et al.*, 2013). Hussain *et al.* (2003) determinaram um valor SPAD crítico de 42 para orientar a necessidade baseada em N topdressing em trigo no Paquistão. A aplicação de 20 kg N ha^{-1} em divisão no SPAD 44 aumentou o rendimento do trigo no Bangladesh (Kyaw, 2003). Maiti e Das (2006) verificaram que o valor SPAD de 37 como limiar era muito eficaz para orientar as aplicações de fertilizantes N no trigo no IGP oriental, onde o inverno é ameno e o rendimento é relativamente inferior ao observado no IGP ocidental. Economizou 40-72,5 kg de N ha^{-1} em relação à aplicação de N em cobertura, sem redução do rendimento dos grãos. A aplicação de 150 kg N ha^{-1} seguindo o valor SPAD de 38 produziu um rendimento de grãos de trigo equivalente ao obtido com a aplicação geral de 180 kg N ha^{-1} em duas doses divididas no IGP médio de Pantnagar na Índia (Singh *et al.*, 2010). O nosso estudo também revelou que a dose de N variou entre 87-108 kg ha^{-1} em ambos os limiares SPAD, o que cobriu bem a gama de rendimento de grãos de trigo desta região e esta gama é bastante inferior à recomendação estatal de fertilizantes. Na zona aluvial da Cintura Indo-Gangética oriental, o N variou para o cultivo do trigo entre 120-150 kg ha^{-1} . O nosso estudo mostra claramente que a estratégia de gestão SPAD N pode poupar 10-27,5% de N quando comparada com a recomendação estatal de fertilizantes (120 kg N ha^{-1}). Este facto não só reduziu o custo do cultivo do trigo, poupando o fertilizante N, como também aumentou a sua eficiência de utilização. Shukla *et al.* (2004), Khurana *et al.* (2008) e Singh *et al.* (2010) também observaram um efeito benéfico semelhante da gestão do N baseada no SPAD no trigo.

Tal como o rendimento de grãos, o rendimento de palha também manteve a tendência semelhante e foi mais elevado em HD 2967 seguido de Sabour Samriddhi, enquanto o índice de colheita não variou significativamente. No entanto, Singh *et al.* 2010 referiram que a gestão de N em tempo real baseada no SPAD melhorou o índice de colheita do que as práticas de fertilização dos agricultores. No que respeita ao rendimento de grãos, os SPAD 42 e 44 eram comparáveis, mas o SPAD 42 tinha menores necessidades de N do que o SPAD 44. Assim, para uma gestão de precisão do N com vista a um rendimento elevado dos grãos e a uma maior eficiência na utilização do N, o limiar SPAD ótimo foi avaliado em 42.

5.1.2 Teor e absorção de azoto pelo trigo

O teor de N na folha de trigo diminuiu de forma constante a partir dos 25 DAS até à maturidade da cultura e manteve-se não significativo em todas as fases de crescimento para todos os casos. O teor máximo de N na folha foi registado aos 25 DAS e, depois, diminuiu devido ao efeito de diluição em fases de crescimento posteriores. A absorção de N na folha, no caule e no grão de trigo foi mais elevada no Sabour Samriddhi e deveu-se à maior acumulação de matéria seca total registada na cultivar anterior. Assim, a absorção total de N pelo trigo aumentou consideravelmente com Sabour Samriddhi. Ambos os níveis SPAD são comparáveis entre si em todos os casos. A maior absorção de azoto em diferentes órgãos da planta em Sabour Samriddhi, HD 2967, HD 2985 e HI 1563 deveu-se principalmente a uma maior produção de biomassa que se reflecte na produtividade do grão (Ling, 2000; Khurana *et al.*, 2008; Cui *et al.*, 2008). A menor absorção de N pelo trigo em PBW 343 foi associada a um menor rendimento de biomassa e de grãos. Os resultados estão em conformidade com as conclusões de Peng *et al.*, (2012), Singh *et al.* (2012) e Walsh et al. (2013).

5.1.3 Eficiência da utilização do azoto no trigo

A produtividade parcial do fator para o N aplicado (PFPN), a eficiência interna de uso do N (IEN) e a eficiência fisiológica de uso do N (PEN) variaram significativamente entre as cultivares que utilizaram a estratégia de manejo do N baseada no SPAD. A PFPN, IEN e PEN são comparáveis em relação aos níveis de SPAD. Em todos os casos, a cultivar HD 2967 registou o valor significativamente mais elevado do que a Sabour Samriddhi (Quadro 4.12). Consequentemente, a alta taxa de dose de N registou o valor mais baixo de PFPN, IEN e PEN. A aplicação de N em períodos de crescimento intermédios e tardios aumentará a produtividade fotossintética, a eficiência da utilização de nutrientes e encorajará a absorção de N após a fase de crescimento. Os resultados corroboram as conclusões de Raun *et al.* (2001), Shukla *et al.* (2004) e Singh *et al.* (2010). Khurana *et al.* (2008) também observaram um aumento do PFPN de 7,72 kg kg^{-1} (26%), indicando uma maior economia de fertilizante N com um incremento positivo da eficiência de uso do fertilizante N.

5.2 Relações entre o valor SPAD e o teor de N nas folhas

O teor de N nas folhas nas fases CRI e de perfilhamento do trigo foi correlacionado com os valores SPAD (Quadro 4.13). Como o teor de N foliar e o valor SPAD estavam correlacionados, os valores SPAD derivados foram 45,3 e 42,0 calculados pelo teor médio de N foliar nas respectivas fases de crescimento da cultura na equação linear para o rendimento máximo de grãos. O teor médio de N foliar para as fases CRI e de perfilhamento foi de 4,07 e 3,32. Isto indica que a fase CRI é altamente fértil ou que não há necessidade de N extra nesta fase. Nosso estudo revelou que o estado do N disponível no solo e o conteúdo de N nas folhas foram maiores no estágio CRI. Assim, a maior necessidade de fertilizante N na fase de perfilhamento sugeriu que o rendimento de grãos de trigo poderia ser determinado na fase de perfilhamento pelo verde da folha através do medidor SPAD (Alam *et al.*, 2006; Singh *et al.*, 2013). No nosso estudo, ficou muito claro que a fase de perfilhamento é a fase mais crítica no que respeita à aplicação de N, uma vez que o SPAD 42 desceu abaixo do índice limiar nesta fase (Fig. 5.1). Foi observado que, em quase todos os estágios de crescimento o SPAD 42 permaneceu abaixo de 44, enquanto que o SPAD 44 deteve-se acima de 44 em alguns casos; mas nenhum efeito significativo na produtividade ou na economia foi notado entre o SPAD 42 e 44. Por conseguinte, pode concluir-se que 42 pode ser o limiar SPAD ótimo para manter um rendimento elevado e um retorno económico.

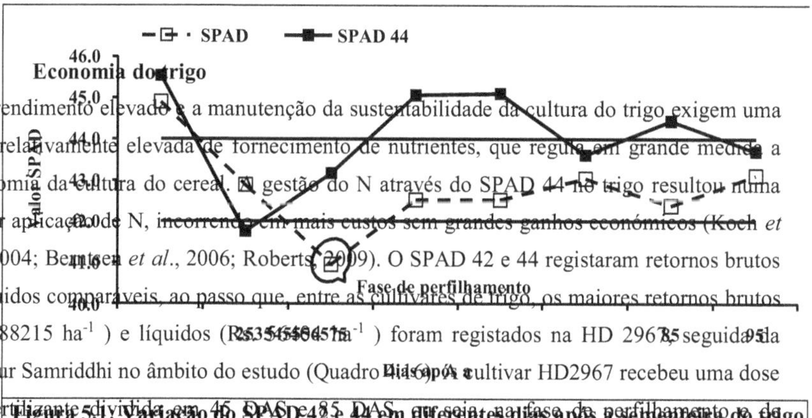

5.3 Economia do trigo

Um rendimento elevado e a manutenção da sustentabilidade da cultura do trigo exigem uma taxa relativamente elevada de fornecimento de nutrientes, que regula em grande medida a economia da cultura do cereal. A gestão do N através do SPAD 44 no trigo resultou numa maior aplicação de N, incorrendo em mais custos sem grandes ganhos económicos (Koch *et al.*, 2004; Bentsen *et al.*, 2006; Roberts, 2009). O SPAD 42 e 44 registaram retornos brutos e líquidos comparáveis, ao passo que, entre as cultivares de trigo, os maiores retornos brutos (Rs. 88215 ha^{-1}) e líquidos (Rs. 35456045 ha^{-1}) foram registados na HD 2967 seguida da Sabour Samriddhi no âmbito do estudo (Quadro 4.16). A cultivar HD2967 recebeu uma dose de fertilizante dividida em 45 DAS e 85 DAS, ou seja, na fase de perfilhamento e de cabeçalho da cultura. Os resultados sugerem que a gestão atempada dos nutrientes é

Figura 5.1. Variação do SPAD 42 e 44 em diferentes dias após a sementeira do trigo durante a estação seca do ano 2015-16.

necessária para melhorar a economia da cultura do trigo (Biswas *et al.*, 2006; Mondal *et al.*, 2013). A cultivar PBW 343 registou os retornos mais baixos e o retorno por rupia investida do que as outras cultivares, o que se deveu a uma fraca produção de grãos e de palha do que as outras. De acordo com o índice SPAD, a cultivar PBW 343 recebeu o N em parcelas aos 35 DAS, 75 DAS e 95 DAS da cultura e pode ser que os 95 DAS não sejam propícios para a aplicação parcelada de N no trigo. No entanto, será necessário um estudo mais aprofundado neste domínio para uma melhor conformidade. A taxa pré-determinada de aplicação de N em estádios de crescimento específicos na FTNM, embora tenha proporcionado um bom retorno económico, incorreu num maior consumo de N do fertilizante do que o necessário para atingir o rendimento esperado (Roberts, 2009; Yao *et al.*, 2012). Os nossos resultados indicam que o índice SPAD 42 e as cultivares HD 2967 podem produzir elevados retornos brutos e líquidos. Um efeito benéfico semelhante da gestão do N com base no SPAD 42 no trigo também foi relatado por Kitchen *et al.* (2010) e Scharf *et al.* (2011). Assim, a taxa de N de 20 kg N ha^{-1} em parcelas no SPAD 42 pode ser recomendada para o manejo de precisão do N visando maior lucro com maior eficiência de uso do N.

***

Capítulo-VI

Resumo e conclusão

As propriedades espectrais das folhas, ao corresponderem à procura e ao fornecimento de N, tornam-se mais racionais na orientação da aplicação de N com base nas necessidades. Com base nisto, foi criado um medidor de clorofila ou medidor SPAD (Soil Plant Analysis Development) para medir a transmitância da luz através das folhas para orientar a gestão das necessidades de N no trigo. Este aparelho ajudou a utilizar eficazmente o fertilizante N no trigo, tendo em conta a diversidade do campo, da estação e da variedade, garantindo rendimentos elevados e proporcionando benefícios económicos aos agricultores.

A presente investigação teve como objetivo avaliar a necessidade de gestão do N dos fertilizantes utilizando o medidor SPAD para melhorar a eficiência da utilização do N para uma maior produtividade de forma racional. A metodologia experimental e o resumo dos resultados são apresentados neste capítulo.

A experiência de campo foi realizada na quinta de investigação da Universidade Agrícola de Bihar, Sabour ($25°$ 15'40" N de latitude e $87°$ 2'42" E de longitude), Índia, durante 2015-16 na estação seca (novembro a abril). O local experimental recebeu uma precipitação média anual de 1207 mm, dos quais 4,4% ocorreram durante o estudo. O solo do local era aluvial com textura franco-argilosa siltosa, com baixo nível de fertilidade (N disponível, 192 kg ha^{-1} ; P disponível, 9,84 kg ha^{-1} ; e K disponível, 142,0 kg ha^{-1}), de natureza neutra (pH − 7,3) e baixa capacidade de troca catiónica (10,2 cmol(+) kg^{-1}).

Na experiência, foram utilizados dois limiares SPAD (42 e 44) como parcelas principais e sete cultivares de trigo (HD 2967, HD 2985, HI 1563, PBW 343, HW 1105, HD 3086 e Sabour Samriddhi) como tratamentos de subparcelas, com uma dose de base de 40-60-40 kg N-P O -K$_2$5$_2$ O ha^{-1} . Estas catorze combinações de tratamento foram dispostas n u m esquema de parcelas divididas com três repetições. O fertilizante N foi aplicado em cobertura quando o valor SPAD médio observado foi registado abaixo do valor fixo, a partir dos 25 dias após a sementeira (DAS) até à primeira floração (95 DAS). A taxa de N foi de 20 kg ha^{-1} utilizada para cada adubação de cobertura com base nos limiares SPAD. A fonte de fertilizante químico foi a ureia, o superfosfato simples e o muriato de potássio. Havia um total de 42 parcelas e a dimensão de cada parcela de tratamento era de 6m $\times$ 3m. A medição do SPAD foi iniciada a partir dos 25 DAS e continuou até à floração (95 DAS) com um intervalo de 10 dias para todos os tratamentos e repetições. A folha mais jovem totalmente expandida de uma planta foi utilizada para a medição do SPAD. As leituras foram efectuadas num dos lados da nervura central da lâmina foliar, a meio caminho entre a base e a ponta da folha. A média de 15 leituras por parcela foi considerada como o valor SPAD medido.

Os parâmetros de crescimento da cultura foram recolhidos de cada parcela a intervalos regulares, juntamente com os parâmetros de rendimento e rendimento na colheita. Após a colheita, as amostras de grãos limpos e secos ao ar foram analisadas quanto ao teor de azoto e à absorção total de azoto. Amostras de plantas e amostras de solo (0-20 cm de profundidade) foram recolhidas de cada parcela antes de cada aplicação de N para determinar o teor de N das plantas e o estado do N disponível no solo. A economia para os diferentes tratamentos foi calculada tendo em conta o preço prevalecente dos diferentes inputs e outputs no mercado local. As propriedades químicas do solo, como o carbono orgânico e o teor de N, P e K disponíveis, foram analisadas no solo a 0-20 cm de profundidade após a colheita da cultura. Os principais resultados da investigação são resumidos a seguir.

A altura da planta, o índice de área foliar (LAI), a biomassa acima do solo e a taxa de crescimento da cultura do trigo foram elevados em Sabour Samriddhi; mas as cultivares HD 2967, HI 1563 e HD 2985 são estatisticamente iguais e significativamente mais elevadas do que a baixa PBW 343 nas fases iniciais. Os SPAD 42 e 44 não variaram significativamente em todos estes parâmetros. Nos estádios iniciais (25 e 45 DAS) da cultura, o efeito da interação foi significativo no LAI. Sabour Samriddhi com SPAD 42 registou o maior LAI em ambos os estádios da cultura, que foram significativamente mais elevados quando comparados com SPAD 44 para a mesma cultivar. A HD 2967 produziu resultados estatisticamente iguais aos da Sabour Samriddhi aos 45 DAS com SPAD 42. A diferença na acumulação de biomassa entre o SPAD 42 e 44 não foi significativa. A Sabour Samriddhi registou a biomassa significativamente mais elevada até aos 85 DAS em relação à maioria das cultivares. Nos estágios posteriores (105 DAS e na maturidade) HD 2967 registrou a maior biomassa e Sabour Samriddhi foi encontrado para ser estatisticamente a par com cultivares HD 2967, HD 2985 e HI1563. Os resultados mostraram que a adubação de cobertura de 20 kg ha^{-1} de N no SPAD 42 foi mais propícia para melhorar a acumulação de biomassa, juntamente com a poupança de uma boa quantidade de fertilizante N em relação ao SPAD 44 no trigo.

Os componentes do rendimento do trigo, tais como espigas m^{-2}, grãos por espiga^{-1} e peso do teste, foram estatisticamente iguais entre os níveis SPAD. No entanto, os grãos por cabeça de espiga e o peso de teste variaram significativamente entre os tratamentos das subparcelas. O maior número de grãos foi observado em HD 2967, seguido por Sabour Samriddhi e HD 3086, que foram significativamente maiores do que PBW 343. A maior produtividade de grãos (5172 kg ha^{-1}) foi registada na HD 2967 seguida pela Sabour Samriddhi (4817 kg ha^{-1}) e ambas as cultivares foram significativamente superiores à PBW 343. Uma tendência semelhante foi registada no caso do rendimento em palha. O SPAD 42 e o 44 foram comparáveis no que respeita à produtividade; mas utilizando o SPAD 42, é possível poupar 19% de N de fertilizante do que com o SPAD 44. O estudo sugere que a gestão de N baseada no medidor de clorofila economizou cerca de 19% da recomendação de fertilizante N existente no estado (120 kg ha^{-1}), mantendo uma quantidade considerável de rendimento de grãos. Especialmente a manutenção do valor limite SPAD de 42 com a aplicação de N de 20 kg ha^{-1} em cada adubação de cobertura poderia economizar uma quantidade substancial de N, juntamente com o impacto positivo no rendimento de grãos.

As práticas de gestão do N baseadas no SPAD exerceram um efeito significativo na produtividade parcial do fator N aplicado (PFPN), na eficiência interna de utilização do N (IEN) e na eficiência fisiológica de utilização do N (PEN) do trigo. A PFPN diminuiu com o aumento da taxa de aplicação de N em cobertura. O valor mais alto de PFPN (54,05 kg kg^{-1}) foi registado na HD 2967, que foi significativamente superior a todas as outras cultivares, exceto a HD 2985. No geral, a HD 2967 registou um valor de PFPN 12,8% superior ao das outras cultivares. O IEN também foi mais alto em HD 2967 (42,6 kg kg^{-1}) e foi estatisticamente superior ao Sabour Samriddhi, que registrou o menor IEN entre os tratamentos de subparcela.

Foi obtida uma correlação positiva significativa ($p \leq 0,01$) entre o teor de N nas folhas e o valor SPAD na fase de perfilhamento da cultura do trigo. A partir da equação linear da curva de correlação entre o N foliar e o SPAD, o SPAD desejado foi medido como 45,3 e 42,0 para o CRI e a fase de perfilhamento, respetivamente, para o rendimento máximo de grãos. Por conseguinte, pode dizer-se que a fase de perfilhamento é a fase de crescimento mais crítica da cultura quando comparada com a fase CRI, uma vez que o SPAD desejado se manteve abaixo do valor-limite na fase de perfilhamento.

Os rendimentos brutos e líquidos foram comparáveis aos do SPAD 42 e 44. Os maiores retornos brutos (88215 Rs. ha^{-1}) e líquidos (56404 Rs. ha^{-1}) foram obtidos em HD 2967 seguido por Sabour Samriddhi e estas cultivares foram significativamente superiores a

PBW 343 em ambos os casos. O rendimento máximo por rupia investida no sistema de produção de trigo baseado no SPAD também foi registado em HD 2967 (2,77), seguido de Sabour Samriddhi (2,58). Os aspectos económicos, ou seja, a rendibilidade bruta, a rendibilidade líquida e a rendibilidade por rupia investida, permaneceram não significativos com os limiares SPAD, pelo que, do ponto de vista económico, o SPAD 42 pode ser ideal para os produtores de trigo na parte oriental da Índia.

Com base nos resultados das experiências, foram tiradas as seguintes conclusões.

- O SPAD 42 e o 44 não variaram significativamente em termos de produtividade e economia durante o estudo. Assim, de um ponto de vista económico e de sustentabilidade, o SPAD 42 pode poupar quase 19% de fertilizantes N em comparação com o SPAD 44, podendo ser considerado para os produtores de trigo no leste da Índia.

- A gestão do azoto em tempo real baseada no SPAD foi eficaz na produção de cereais com uma poupança considerável de fertilizantes azotados no trigo em relação à recomendação estatal convencional (120 kg N ha^{-1}).

- A variedade de trigo HD 2967 teve um bom desempenho sob a gestão baseada no SPAD com o maior retorno líquido e retorno por rupia investida de Rs. 56.404/= e 2,77, respetivamente, do que as outras cultivares de alto rendimento.

A partir dos factos e números acima referidos, pode resumir-se que as práticas de gestão do azoto baseadas no SPAD podem aumentar a eficiência da utilização do azoto, poupando cerca de 19% do fertilizante azotado e mantendo o rendimento em grão da cultura do trigo. No entanto, com base num ano de experimentação, não pode ser feita nenhuma recomendação completa e deve ser mais validada para a sua aplicabilidade mais alargada. Recomenda-se vivamente o estudo futuro nesta área com mais limiares SPAD em diferentes cenários agro-climáticos, de forma sustentável e integrada, para uma melhor conclusão concreta.

***

Bibliografia

Abbott, L. K. e Murphy, D. V. (2007). O que é a fertilidade biológica do solo? In: Abbott LK, Murphy DV (eds) Soil biological fertility a key to sustainable land use in agriculture. Springer, pp 1-15.

Abrol Y. P., Pandey, R., Raghuram, N. e Ahmad A. (2012). Sustentabilidade do ciclo do azoto e tecnologias sustentáveis para a gestão de fertilizantes nitrogenados e energia. Jornal do Instituto Indiano de Ciência, 92 (1): 17-36

Adamchuk, V. I., Hummel, J. W., Morgan, M. T. e Upadhyaya, S. K. (2004). On the go soil sensors for precision agriculture. Computers and Electronics in Agriculture, 44: 71-79.

Adhikari, C., Bronson, K. F., Panaullah, G. M., Regmi, A. P., Saha, P. K., Dobermann, A., Olk, D. C., Hobbs, P. e Pasquin, E. (1999). On-farm soil N supply and N nutrition in the rice-wheat system of Nepal and Bangladesh. Field Crops Research, 64: 273-286.

Akhter, M. M., Hossain, A., Jagadish, T., Silva, Teixeira da Silva, J. A. e Islam, M. S. (2016). Medidor de clorofila - uma ferramenta de tomada de decisão para aplicação de nitrogênio em trigo sob solos leves, International Journal of Plant Production 10 (3): 289-302.

Alam, M. M., Ladha, J. K., Foyjunnessa, Rahman, Z., Khan, S. R., Rashid, H., Khan, A. H. e Buresh, R.J. (2006). Gestão de nutrientes para aumentar a produtividade do sistema de cultivo de arroz-trigo no Bangladesh. Field Crops Research, 96: 374-386.

Alchanatis, V., Schmilovitch, Z. e Meron, M. (2005). Avaliação no terreno do estado do azoto numa única folha através de medições de reflectância espetral. Agricultura de Precisão, 6: 25-39.

Ali, A. M., Thind, H. S., Singh, V. e Singh, B. (2015). Uma estrutura para refinar a gestão do nitrogénio em arroz seco com semeadura direta. Computadores e Eletrónica na Agricultura, 110: 114-120.

Anselin, L., Bongiovanni, R. e Lowenberg-DeBoer, J. (2004). A spatial econometric approach to the economics of site-specific nitrogen management in corn production. American Journal of Agricultural Economics, 86: 675- 687.

Arnall, D. B., Edwards, J. T. e Godsey, C. B. (2008). Série de tiras de referência: Aplicando as suas faixas de calibração rampadas e ricas em azoto. Stillwater, OK, EUA: Oklahoma Cooperative Extension Service Fact Sheet CR-2255.

Arregui, L. M., Lasa, B., Lafarga, A., Iraneta, I., Baroja, E., Quemada, M. (2006). Avaliação dos medidores de clorofila como ferramentas para a fertilização com N no trigo de inverno em condições húmidas mediterrânicas. Jornal Europeu de Agronomia, 24: 140-148.

Aslam, M. (1998). Improved water management practices for the rice-wheat cropping systems in Sindh Province, Pakistan. Relatório nº R-70, 1a. IIMI, Lahore, Paquistão: 96.

Astrand, B. e Baerveldt, A. J. (2002). Um robô móvel agrícola com perceção baseada na visão para o controlo mecânico de ervas daninhas. Robôs Autónomos, 13: 21-35.

Atkinson, P. M., Webster, R. e Curran, P. J. (1992). Cokriging with ground based radiometry. Remote Sensing Environment, 41: 45-60.

Ayala, S. e Prakasa Rao, E. V. S. (2002). Perspectivas da gestão da fertilidade do solo com enfoque na utilização de fertilizantes para a produtividade das culturas. Current Science, 82 (7): 797-807.

Babu, M., Nagarajan, R., Ramanathan, S.P., Balasubramanian, V. (2000). Otimização dos valores-limite do medidor de clorofila para diferentes estações e variedades em sistemas de arroz irrigado de terras baixas da Zona do Delta de Cauvery, Tamil Nadu, Índia. International Rice Research Notes (IRRN). pp. 27-28.

Babu, R. e Reddy, V. C. (2000). Efeito das fontes de nutrientes no crescimento e rendimento do arroz de sementeira direta. Crop Research, 19 (2): 189-193.

Balasubramanian, V., Morales, A. C., Thiyagarajan, T. M., Nagarajan, R., Babu, M., Abdulrachman, S. e Hai, L. H. (2000). Adoção da tecnologia do medidor de clorofila para a gestão do N em tempo real no arroz: uma revisão. International Rice Research Newsletter, 25: 4-8.

Banerjee, M., Sing, B. G., Malik, G. C., Maiti, D. e Dutta, S. (2014). Gerenciamento de nutrientes de precisão através do uso de LCC e especialista em nutrientes em milho híbrido sob solo laterítico da Índia, Universal Journal of Food and Nutrition Science 2 (2): 33-36.

Bausch, W. C. e Khosla, R. (2010). Satélite QuickBird versus dados multi-espectrais baseados no solo para estimar o estado do azoto do milho irrigado. Agricultura de Precisão,

11: 274-290.

Berni, J. A. J., Zarco-Tejada, P. J., Sua' rez, L. e Fereres, E. (2009). Deteção remota multiespectral térmica e de banda estreita para monitorização da vegetação a partir de um veículo aéreo não tripulado. IEEE Transactions on Geoscience and Remote Sensing, 47: 722-738.

Berntsen, J., Thomsen, A., Schelde, K., Hansen, O.M., Knudsen, L., Broge, N., Hougaard, H. e Horfarter, R. (2006). Algoritmos para a redistribuição de fertilizantes azotados no trigo de inverno com base em sensores. Agricultura de Precisão, 7: 65-83.

Bhardwaj, R. B. L. (1978). Novas práticas agronómicas. Em "Wheat Research in India: 1966-1976" (Jaiswal, P. L., Tata, S. N. e Gupta, R. S. Eds.), ICAR, Nova Deli: 79-98.

Bhatti, A. U., Mulla, D. J. e Frazier, B. E. (1991). Estimativa das propriedades do solo e do rendimento do trigo em colinas erodidas complexas utilizando geoestatística e imagens Thematic Mapper. Remote Sensing Environment, 37: 181-191.

Biermacher, J., Epplin, F. M., Brorsen, B. W., Solie, J. B., Raun, W. R. e Stone, M. L. (2006). Benefício máximo de um sistema preciso de aplicação de azoto no trigo. Agricultura de Precisão, 7: 193-204.

Biswas, B., Ghosh, D. C., Dasgupta, M. K., Trivedi, N., Timsina, J. e Dobermann, A. (2006). Avaliação integrada dos sistemas de cultivo na planicie oriental do Indo-Gangético. Fields Crop Research, 99: 35-47.

Blackmer, T. M. e Schepers, J. S. (1994). Técnicas para monitorizar o estado do azoto das culturas no milho. Communications in Soil Science and Plant Analysis, 25: 1791- 1800.

Blackmer, T. M. e Schepers, J. S. (1995). Utilização de um medidor de clorofila para monitorizar o estado do azoto e programar a fertirrigação do milho. Journal of Production Agriculture, 8: 56-60.

Blackmer, T. M., Schepers, J. S. e Meyer, G. E. (1995). Deteção remota para detetar a deficiência de N no milho. In Proceeding of Site-Specific Management for Agricultural System: 27-30.

Blackmer, T. M., Schepers, J. S. e Varvel, G. E. (1994). Light reflectance compared to other N stress measurements in corn leaves. Agronomy Journal, 86: 934- 938.

Blackmer, T. M., Schepers, J. S. e Vigil, M. F. (1993). Leituras do medidor de clorofila no milho afectadas pelo espaçamento entre plantas. Comunicações em Ciência do Solo e Análise de Plantas, 24, 2507-2516.

Bouis, H. E. (1993). Measuring the sources of growth in rice yields: As taxas de crescimento estão a diminuir na Ásia? Estudos do Instituto de Investigação Alimentar 22(3): 305-330.

Brar, B. S., Singh, Y., Dhillon, N. S., e Singh, B. (1998). Efeitos a longo prazo de fertilizantes inorgânicos, adubos orgânicos e resíduos de culturas na produtividade e sustentabilidade de um sistema de cultivo de arroz-trigo no noroeste da Índia. Em "Long-Term Soil Fertility Management through Integrated Plant Nutrient Supply" (Swarup, A., Damodar Reddy, D. e Prasad, R. N. Eds.), Indian Institute of Soil Science, Bhopal, M.P., Índia: 169-182.

Bumb, B. e Baanante, C. (1996). The role of fertilizer in sustaining food security and protecting the environment to 2020. Documento de discussão da Visão 2020 17. Washington, DC: IFPRI.

Cabangon, R. J., Castillo, E. G. e Tuong, T. P. (2011). Gestão do azoto com base no medidor de clorofila do arroz cultivado sob irrigação alternada de humedecimento e secagem. Pesquisa de Culturas de Campo, 121: 136-146.

Cao, Q., Cui, Z., Chen, X., Khosla, R., Dao, T. H. e Miao, Y. (2012). Quantificação da variabilidade espacial do fornecimento de nitrogênio indígena para gerenciamento de nitrogênio de precisão em agricultura de pequena escala. Agricultura de Precisão, 13:45-61.

Cao, Q., Miao, Y., Li, F., Gao, X., Bin, L., Lu, D. e Chen X. (2017). Desenvolvimento de uma nova estratégia de gerenciamento de nitrogênio de precisão baseada no sensor de dossel ativo Crop Circle para trigo de inverno na planície do norte da China, Agricultura de Precisão, 18 (1): 2-18.

Carpenter, S. R., Caraco, N. F., Correll, D. L., Howarth, R. W., Sharpley, A. N. e Smith, V. H. (1998). Nonpoint pollution of surface waters with phosphorus and nitrogen. Ecological Applications, 8: 559-568.

Carruthers, I., Rosegrant, M. W. e Seckler, D. (1997). Irrigação e segurança alimentar no século XXI. Irrigation and Drainage Systems 11(2): 83-101.

Cassman, K. G., De Datta, S. K., Olk, D. C., Alcantara, J. M., Samson, M. I., Descalsota, J.

e Dizon, M. (1995). Declínio da produção e economia de azoto em experiências de longo prazo em sistemas contínuos de arroz irrigado nas regiões tropicais. Em Soil Management: Experimental Basis for Sustainability and Environmental Quality (Lal, R. e Stewart, B. A. Eds.), Lewis/CRC Publishers, Boca Raton, FL: 181-222.

Cassman, K. G., Gines, G. C., Dizon, M. A., Samson, M. I. e Alcantara, J. M. (1996). Nitrogen-use efficiency in tropical lowland rice systems: contributions from indigenous and applied nitrogen. Field Crops Research, 47: 1-12.

Cassman, K. G., Peng, S., Olk, D. C., Ladha, J. K., Reichardt, W., Dobermann, A., e Singh, U. (1998). Opportunities for increased nitrogen use efficiency from improved resource management in irrigated rice system. Field Crops Research, 56: 7-39.

Cochran, W. G. e Cox, G. M. (1985). Experimental Designs, Segunda Edição, Asia publishing House, Bombaim, Índia: 576.

Crookston, K. (2006). A top 10 list of developments and issues impacting crop management and ecology during the past 50 years. Crop Science, 46: 2253- 2262.

Crosson, P. e Anderson, J. R. (1992). Resources and global food prospects: Supply and demand for cereals to 2030. Documento técnico 184 do Banco Mundial. Washington, DC: Banco Mundial.

Cui, Z., Zhang, F., Chen, X., Miao, Y., Li, J., Shi, L., Xu, J., Ye, Y., Liu, C., Yang, Z., Zhang, Q., Huang, S. e Bao, D. (2008). Avaliação na exploração de uma estratégia de gestão do azoto durante a estação com base no teste N_{min} do solo. Field Crops Research, 105: 48-55.

Diacono, M., Rubino, P. e Montemurro, F. (2013). Gestão de precisão do azoto no trigo. Uma revisão. Agronomia para o Desenvolvimento Sustentável, 33:219-241.

Dobermann, A., Witt, C., e Dawe, D. (2002). Performance of site-specific nutrient management in intensive rice cropping systems of asia. Better Crops International, 16: 1.

Dobermann, A. e Fairhurst, T. (2000). Rice: Nutrient Disorders and Nutrient Management. Instituto Internacional de Investigação do Arroz, Manila, Filipinas. Ambiente, 47: 36-44.

Dobermann, A., Abdulrachman, S., Gines, H. C., Nagarajan, R., Satawathananont, S., Son, T. T., Tan, P. S., Wang, G. H., Simbahan, G. C., Adviento, M. A. A. e Witt, C. (2004). Agronomic performance of site-specific nutrient management in intensive rice-cropping systems of Asia. Em Increasing Productivity of Intensive Rice Systems through Site-Specific Nutrient Management (Dobermann, A., Witt, C. e Dawe, D. Eds.), Science Publishers Inc., Enfield, NH e International Rice Research Institute, Manila, Filipinas: 307-336.

El Habbal, M. S., Ashmawy, F., Saoudi, H. S., Abbas, I. K. (2009). Efeito das taxas de fertilizante de azoto no rendimento, componentes do rendimento e medições da qualidade do grão de algumas cultivares de trigo utilizando o SPAD-Meter. Egyptian Journal of Agricultural Research, 88: 211-223.

Erdle, K., Mistele, B. e Schmidhalter, U. (2011). Comparação de sensores espectrais activos e passivos na discriminação de parâmetros de biomassa e estado do azoto em cultivares de trigo. Field Crops Research, 124: 74-84.

FAO (1995). Sistema integrado de nutrição vegetal. FAO Fertilizer and Plant Nutrition Bulletin 12, Roma.

Fenga, W., Zhang, H. Y., Zhang, Y. S., Qi, S. L., Henga Y. R., Guo B. B, Ma D.Y. e Guo T. C. (2016). Deteção remota da concentração de nitrogênio foliar do dossel no trigo de inverno usando índices de vegetação de resistência à água a partir de dados hiperespectrais in situ. Investigação sobre culturas de campo 198 238-246.

Ferguson, R. B., Hergert, G. W., Schepers, J. S., Gotway, C. A., Cahoon, J. E. e Peterson, T. A. (2002). Gestão do azoto específica do local para o milho irrigado: efeitos na produção e no nitrato residual do solo. Soil Science Society of American Journal, 66: 544-553.

Ferguson, R. B., Lark, R. M. e Slater, G. P. (2003). Abordagens à definição de zonas de gestão para a utilização de inibidores de nitrificação. Soil Science Society of American Journal, 67: 937-947.

Filella, I., Serrano, L., Serra, J. e Penuelas, J. (1995). Avaliação do estado do azoto no trigo com índices de reflectância do dossel e análise discriminante. Crop Science, 35: 1400-1405.

Follett, R.H., Follett, R.F. e Halvorson, A. D. (1992). Utilização de um medidor de clorofila para avaliar o estado do azoto do trigo de inverno de sequeiro. Communications in Soil Science and Plant Analysis, 23: 687-697.

Franzen, D. W., Hopkins, D. H., Sweeney, M. D., Ulmer, M. K. e Halvorson, A. D. (2002). Avaliação da escala de levantamento do solo para o desenvolvimento de zonas de gestão do azoto específicas do local. Agronomy Journal, 94: 381-389.

Garcia, M. B. e Garcia L. F. (1995). Produção e sobrevivência de perfilhos em relação ao rendimento de grãos em cevada de inverno e primavera. Field Crops Research, 44: 85-93.

Gholizadeh, A., Amin M.S.M., Anuar, A.R., Aimrun, W. e Saberioon M.M. (2011) Variabilidade temporal das leituras do medidor de clorofila SPAD e sua relação com o azoto total nas folhas num campo de arroz da Malásia. Jornal Australiano de Ciências Básicas e Aplicadas, 5(5): 236-245.

Ghosh, M., Kiran, N., Sharma, R. P. e Gupta, S. K. (2016). Gestão de nitrogênio baseada na necessidade usando medidor de spad em trigo do leste da Índia. Revista internacional de agricultura tropical. 34-3.

Ghosh, M., Swain, D. K., Jha M. K. e Tewari V. K. (2017) Chlorophyll meter- Based Nitrogen Management of Wheat in Eastern India, Expl Agric.: page 1 of 14 C Cambridge University Press 2017doi:10.1017/S0014479717000035.

Ghosh, M., Swain, D. K., Jha, M. K. e Tewari, V. K. (2013). Gerenciamento de precisão de nitrogênio usando medidor de clorofila para melhorar o crescimento, a produtividade e a eficiência do uso de N do arroz em clima subtropical. Journal of Agricultural Science (Canadá), 5 (2): 1-14.

Goel, P. K., Prasher, S. O., Landry, J. A., Patel, R. M., Bonnell, R. B., Viau, A. A e Miller, J. R. (2003). Potencial da deteção remota hiperespectral aérea para detetar a deficiência de azoto e a infestação de ervas daninhas no milho. Computadores e Eletrónica na Agricultura, 38: 99-124.

Goswami, N. N., Prasad, R., Sircar, M. C., e Singh, S. (1988). Estudos sobre o efeito da adubação verde na economia de azoto na rotação arroz-trigo utilizando a técnica[15] N. Journal of Agricultural Science (Cambridge), 111: 413-417.

Greenhalgh, S., e Faeth, P. (2001). A potential integrated water quality strategy for the Mississippi River Basin and the Gulf of Mexico (Uma potencial estratégia integrada de qualidade da água para a bacia do rio Mississippi e o Golfo do México). The Scientific World, 1: 976-983.

Guo, J. H., Liu, X. J., Zhang, Y., Shen, J. L., Han, W. X., Zhang, W. F., Christie, P., Goulding, K. W. T., Vitousek, P. M. e Zhang, F. S. (2010). Significant acidification in major

Chinese croplands. Science, 327: 1008-1010.

Guo, J., Wang, X., Meng, Z., Zhao, C., Yu, Z. e Chen, L. (2008). Estudo sobre o diagnóstico do estado nutricional de azoto do milho utilizando o Greenseeker e o medidor SPAD. Nutrição Vegetal e Ciência dos Fertilizantes, 513.

Gupta, M. L. e Khosla, R. (2012). Gestão de precisão do azoto e eficiência global da utilização do azoto. Em Actas da 11ª Conferência Internacional sobre Agricultura de Precisão (Harald K. e Martha Patricia Butron G. Eds.), Indianápolis, EUA.

Haboudane, D., Miller, J. R., Pattey, E., Zarco-Tejada, P. J. e Strachan, I. B. (2004). Índices de vegetação hiperespectrais e novos algoritmos para a previsão do LAI verde das copas das culturas: modelação e validação no contexto da agricultura de precisão. Remote Sensing of Environment, 90: 337-352.

Haboudane, D., Miller, J. R., Tremblay, N., Zarco-Tejada, P. J. e Dextraze, L. (2002). Integrated narrow-band vegetation indices for prediction of crop chlorophyll content for application to precision agriculture. Remote Sensing of Environment, 81: 416-426.

Han, S., Hendrickson, L. L. e Ni, B. (2002). Comparação de imagens de satélite e aéreas para detetar o teor de clorofila das folhas no milho. Transacções da ASAE, 45 (4): 1229-1236.

Hashimoto, M., Herai, Y., Nagaoka, T. e Kouno, K. (2007). Lixiviação de nitratos em regossolos graníticos afetada pela absorção de N e pela transpiração do milho. Soil Science Plant Nutrition, 53(3): 300-309.

Hawkins, J. A., Sawyer, J. E., Barker, D. W. e Lundvall, J. P. (2007). Utilização dos valores relativos do medidor de clorofila para determinar as taxas de aplicação de azoto no milho. Agronomy Journal, 99: 1034-1040.

Heffer, P. (2009). Assessment of fertilizer use by crop at the global level 2006-07- 2007-08. Associação Internacional da Indústria de Fertilizantes, Paris.

Henao, J. e Baanante, C. (1999). Nutrient depletion in the agricultural soils of Africa (Depleção de nutrientes nos solos agrícolas de África). 2020 Vision Brief 62. Washington, DC: IFPRI.

Herwitz, S. R., Johnson, L. F., Dunagan, S. E., Higgins, R. G., Sullivan, D. V., Zheng, J. B. M., Lobitz, B. M., Leung, J. G., Gallmeyer, B. A., Aoyagi, M., Slye,

R. E. e <u>Brass</u>. J. A. (2004). Imagiologia a partir de um veículo aéreo não tripulado: vigilância agrícola e apoio à decisão. Computadores e eletrónica na agricultura, 44: 49-61.

Hong, S. D., Schepers, J. S., Francis, D. D. e Schlemmer, M. R. (2007). Comparação de sensores remotos terrestres para avaliação da biomassa de milho afetada pelo stress de azoto. Comunicações em Ciência do Solo e Análise de Plantas, 38: 2209-2226.

Huang, J., He, F., Cui, K., Roland, J., Buresh, B. X., Gong, W. e Peng, S. (2008). Determinação da taxa óptima de azoto para variedades de arroz utilizando um medidor de clorofila. Field Crops Research, 105: 70-80.

Hussain, F., Zia, M. S., Akhtar, M.E. e Yasin, M. (2003). Gestão do azoto e eficiência de utilização com o medidor de clorofila e a carta de cores das folhas. Pakistan Journal of Soil Science, 22: 1-10.

Islam, M. R., Haque, K. M. S., Akter, N. e Karim, M. A. (2014). Dinâmica da clorofila foliar no trigo com base na leitura do medidor SPAD e sua relação com o rendimento do grão. *Scientia Agriculturae*,8(1): 13-18

Jackson, M. L. (1973). Soil chemical analysis. Prentice Hall of India Private Limited, Nova Deli.

Janaki, P. e Thiyagarajan, T. M. (2004). Efeito das técnicas SPAD e da densidade de plantação na concentração de azoto foliar "Y" no arroz transplantado. *Ata Agronomica Hungurica,* 52: 95-104.

Ju, X. T., Xing, G. X., Chen, X. P., Zhang, S. L., Zhang, L. J., Liu, X. J., Cui, Z. L., Yin, B., Christie, P. e Zhu, Z. L. (2009). Reduzir o risco ambiental melhorando a gestão do azoto nos sistemas agrícolas intensivos chineses. Actas da Academia Nacional das Ciências (EUA), 106: 3041-3046.

Khurana, H. S., Phillips, S. B., Singh, B., Alley, M. M., Dobermann, A., Sidhu, A. S., Singh, Y., e Peng, S. (2008). Avaliação agronómica e económica da gestão de nutrientes específica do local para o trigo irrigado no noroeste da Índia. Nutrient Cycling in Agroecosystems, 82: 15-31.

Kitchen, N. R., Sudduth, K. A., Drummond, S. T., Scharf, P. C., Palm, H. L., Roberts, D. F. e Vories, E. D. (2010). Deteção de reflectância de dossel baseada no solo para fertilização de milho com azoto a taxa variável. Agronomy Journal, 102: 71-84.

Klatt, A. R. (Ed.), (1988). Restrições à produção de trigo em ambientes tropicais. CIMMYT, México DF, 408 pp.

Koch, B., Khosla, R., Frasier, W. M., Westfall, D. G. e Inman, D. (2004). Economic feasibility of variable-rate nitrogen application using site- specific management zones (Viabilidade económica da aplicação de azoto a taxas variáveis utilizando zonas de gestão específicas do local). Agronomy Journal, 96: 1572-1580.

Kyaw, K. K. (2003). Gestão do fertilizante N específica da parcela para melhorar a eficiência da utilização do N em sistemas baseados no arroz do Bangladesh. In: Vlek PLG, Denich M, Martius C, Giesen NVD (eds) Ecology and development series No. 12. Cuvillier, Gottinge.

Ladha, J. K., Fischer, K. S., Hossain, M., Hobbs, P. R., e Hardy, B. (Eds.) (2000). Improving the productivity and sustainability of rice-wheat systems of the Indo-Gangetic Plains: A synthesis of NARS-IRRI partnership research. IRRI Discussion Paper Series No. 40. Instituto Internacional de Investigação do Arroz, Manila, Filipinas.

Lambert, D. M. e Lowenberg-DeBoer, J. (2000). Revisão da rentabilidade da agricultura de precisão. West Lafayette, In Site Specific Management Center, Purdue University.

Larson, W. E., e Robert, P. C. (1991). Farming by soil. In Soil management for sustainability (Lal, R. and Pierce F. J. Eds.), Ankeny, IA, USA: Soil and Water Conservation Society, 103-112 pp.

Li, F., Miao, Y., Zhang, F., Cui, Z., Li, R., Chen, X., Zhang, H., Schroder, J., Raun, W. R. e Jia, L. (2009). A deteção ótica durante a estação melhora a eficiência da utilização do azoto no trigo de inverno. Soil Science Society of American Journal, 73: 1566-1574.

Li, Y., Chen, D., Walker, C. N. e Angus, J. F. (2010). Estimar o estado do azoto das culturas utilizando uma câmara digital. Field Crops Research, 118: 221-227.

Ling, Q. H. (2000). A qualidade da população de culturas. Shanghai Scientific and Technical Publishers, Shanghai, China.

Long, D. S., Engel, R. E. e Siemens, M. C. (2008). Medição da concentração de proteínas de grãos com espetroscopia de reflectância no infravermelho próximo em linha. Agronomy Journal, 100: 247-252.

Lopez-Bellido, R. J., Shepherd, C. E., e Barraclough P.B. (2004). Previsão das necessidades de N pós-antese do trigo panificável com um medidor Minolta SPAD. Jornal Europeu de Agronomia 20: 313-320.

Maiti, D. e Das, D. K. (2006). Gestão do azoto através da utilização da carta de cores das folhas (LCC) e do desenvolvimento da análise das plantas do solo (SPAD) no trigo em ecossistema irrigado. Arquivos de Agronomia e Ciência do Solo, 52: 105- 112.

Markwell, J., Osterman, J. C. e Mitchell, J. L. (1995). Calibração do sensor de clorofila foliar Minolta SPAD-502. Photosynthesis Research, 46: 467-472.

Komatsuzaki, M. e Ohtha, H. (2007). Práticas de gestão do solo para um agroecossistema sustentável. Ciência sustentável 2: 103-120.

Meelu, O. P., Saggar, S., Maskina, M. S. e Rekhi, R. S. (1987) Time and source of nitrogen application in rice and wheat. Journal of Agricultural Science (Cambridge), 109:387-391.

Miao Y., Mulla, D. J., Randall, G. W., Vetsch, J. A. e Vintila, R. (2007). Previsão das leituras do medidor de clorofila com deteção remota hiperespectral aérea para a gestão do azoto do milho em locais específicos durante a estação. Em Precision agriculture (Stafford, J. V. Eds.), 635-641pp.

Miao Y., Mulla, D. J., Randall, G. W., Vetsch, J. A. e Vintila, R. (2009). Combinação de leituras de medidores de clorofila e imagens de deteção remota de alta resolução espacial para a gestão do azoto do milho em locais específicos durante a estação. Agricultura de Precisão, 10: 45-62.

Miao, Y., Stewart, B. A. e Zhang, F. (2011). Experiências de longo prazo para a gestão sustentável de nutrientes na China. A review. Agronomia para o Desenvolvimento Sustentável, 31: 397-414.

Mitsch W. J., Day, J. W., Jr, Gilliam, J. W., Groffman, P. M., Hey, D. L., Randall, G. W e Wang, N. (2001). Reducing nitrogen loading to the Gulf of Mexico from the Mississippi River basin: Estratégias para combater um problema ecológico persistente. *Bioscience,* 51: 373-388.

Mohanty, S. K., Singh, A. K., Jat, S. L., Parihar, C. M. Pooniya, V., Sharma, S., Chaudhary, S. V. e Singh B. (2015) Precision nitrogen-management practices influences growth and yield of wheat (*Triticum aestivum*) under conservation agriculture. Jornal Indiano de

Agronomia. 60 (4): 617-621.

Mondal, P. e Basu, M. (2009). Adoção de tecnologias de agricultura de precisão na Índia e em alguns países em desenvolvimento: âmbito, situação atual e estratégias. Progress in Natural Science, 19: 659-666.

Mondal, S., Bauri, A., Pramanik, K., Ghosh, M., Malik, G. C. e Ghosh, D. C. (2013). Crescimento, produtividade e economia do arroz híbrido influenciados pelo nível de fertilidade e densidade da planta. Revista Internacional de Bio-recursos e Gestão do Stress, 4(4): 547-554.

Montemurro, F., Maiorana, M., Convertini, G. e Fornaro, F. (2008) Sistemas de cultivo: o papel das culturas contínuas, da rotação de culturas, das leguminosas e das culturas intercalares nas condições mediterrânicas. In: Berklian YU (ed) Crop rotation, Capítulo 6. Nova Science Publishers, Inc. ISBN 978-1-60692-100-5

Moran, M. S., Inove, Y. e Barnes, E. M. (1997). Opportunities and limitations for image based remote sensing in precision crop management. Remote Sensing Environment, 61: 319-346.

Mulla, D. J. (1993). Mapeamento e gestão de padrões espaciais na fertilidade do solo e no rendimento das culturas. Em Soil specific crop management (Robert, P., Larson, W. e Rust, R. Eds.), 15-26 pp. (em inglês).

Mulla, D. J. (2013). Vinte e cinco anos de deteção remota na agricultura de precisão: Key advances and remaining knowledge gaps. Biosystems Engineering, 114: 358- 371.

Mulla, D. J., Gowda, P., Koskinen, W. C., Khakural, B. R., Johnson, G. e Robert, P. C. (2002). Modelação do efeito da agricultura de precisão: perdas de pesticidas para as águas superficiais. Cap. 20. In Terrestrial field dissipation studies (Arthur, E., Barefoot, A. and Clay, V. Eds.), ACS symposium Washington, DC, USA: ACS, 842: 304-317.

Murdock, L., Jones, S., Bowley, C., Needham, P., James, J. e Howe, P. (1997). Utilização de um medidor de clorofila para fazer recomendações de azoto no trigo. Serviço de Extensão Cooperativa. Universidade de Kentucky, Lexington, KY, EUA. AGR 170, 4 pp.

Nichiporovich, A. A. (1954). A fotossíntese e a teoria da obtenção de altos rendimentos das culturas. 15ª Palestra de Timiryazey na SSSR, Mascow 1956. Tradução para inglês. Dept. Sci. Ind. Res. Grã-Bretanha 1959.

O'Shaughnessy, S. A. e Evett, S. R. (2010). Desenvolvimento de redes de sensores sem fios para monitorizar a temperatura da copa das culturas utilizando um sistema de aspersão móvel como plataforma. Engenharia Aplicada na Agricultura, 26: 331-341.

Olsen, S. R., Core, C. V., Wantage, F. S., e Dean, L. A. (1954). Estimation of available phosphorus in soils by extraction with sodium bicarbonate, PP 1-19. (US Government printing office, Washigton DC).

Ortiz-Monasterio, J. I. e Raun, W. R. (2007). Redução do azoto e melhoria do rendimento agrícola do trigo de primavera irrigado no Vale de Yaqui, México, utilizando a gestão do azoto baseada em sensores. Journal of Agricultural Science (Cambridge), 145: 215-222.

.
Pathak, H, Aggarwal, P. K., Roetter, R., Kalra, N., Bandyopadhaya, S. K., Prasad, S. e Van Keulen, H. (2003). Modelação da avaliação quantitativa do fornecimento de nutrientes ao solo, da eficiência da utilização de nutrientes e das necessidades de fertilizantes do trigo na Índia. Nutrient Cycling in Agroecosystem, 65: 105-113.

Peltonen, J., Virtanen, A. e Haggren, E. (1995). Utilização de um medidor de clorofila para otimizar a aplicação de fertilizantes azotados em pequenos cereais geridos de forma intensiva. Journal of Agronomy and Crop Science, 174: 309-318.

Peng, L. L., Ying, L. Y., Guo, L. S. e Long, P. X. (2012). Efeitos do manejo do nitrogênio no rendimento do trigo de inverno na área fria do nordeste da China. Jornal de Agricultura Integrativa, 11(6): 1020-1025.

Peng, S., Buresh, R. J., Huang, J., Yang, J., Zou, Y., Zhong, X., Wang, G. e Zhang, F. (2006). Estratégias para ultrapassar a baixa eficiência agronómica da utilização do azoto em sistemas de arroz irrigado na China. *Field Crops Research,* 96: 37-47.

Peng, S., Garcia, F. V., Laza, R. C., Sanico, A. L., Visperas, R. M. e Cassman, K. G. (1996). Aumento da eficiência da utilização do azoto em níveis de rendimento elevados utilizando um medidor de clorofila em arroz irrigado de alto rendimento. Field Crops Research, 47: 243-252.

Peng, S., Huang, J., Zhong, X., Yang, J., Wang, G., Zou, Y., Zhang, F., Zhu, Q., Buresh, R. e Witt, C. (2002). Challenge and opportunity in improving fertilizer-nitrogen use efficiency of irrigated rice in China. Agricultural Science China, 1(7): 776-785.

Perry, E. M., Fitzgeralda, G. J., Nuttall, J. G., OLeary, G. J., Schulthess, U. e Whitlock, A.

(2012). Estimativa rápida do nitrogênio do dossel de culturas de cereais em escala de paddock usando um índice de conteúdo de clorofila do dossel. Field Crops Research, 134: 158-164.

Pirjo, P. S., Lauri, J., Ari, R. e Susanna. M. (2009). Traços de perfilhamento de cereais de primavera em condições de dias longos e depressores de perfilhamento. Pesquisa de Culturas de Campo, 113: 82-89.

Prasad, R. (1990). Fertilizer use efficiency. In "Agricultural Research Towards Sustainable Agriculture" (Singh, K. N. and Singh, R. P. Eds.), Division of Agronomy, IARI, New Delhi, India: 57-68.

Prasad, R. (1999). "A Text Book of Rice Agronomy". Jain Brothers, Nova Deli,
Índia.

Prasad, R. (2005). Sistemas de cultivo de arroz-trigo. Avanços em Agronomia, 86: 1-85.

Prasad, R. e Misra, B. N. (2001). Effect of addition of organic residues, farmyard manure and fertilizer nitrogen on soil fertility in rice-wheat cropping system. Archives of Agronomy and Soil Science, 46: 455-463.

Prasad, R. e Power, J. F. (1995). Inibidores de nitrificação para a agricultura, saúde e ambiente. Avanços em Agronomia, 54: 233-281.

Prasad, R. e Power, J. F. (1997). "Soil Fertility Management for Sustainable Agriculture" (Gestão da fertilidade do solo para uma agricultura sustentável). CRC Press, Boca Raton, FL.

Rajsic, P. e Weersink, A. (2008). Os agricultores desperdiçam fertilizantes? A comparison of ex- post optimal nitrogen rates and ex-ante recommendations by model, site and year. Agricultural Systems, 97: 56-67.

Raun, W. R, Solie, J. B., Taylor, R. K., Arnall, D. B., Mack, C. J. e Edmonds, D. E. (2008). Tecnologia de calibração da faixa de rampa para determinar as taxas de azoto a meio da estação no milho e no trigo. Agronomy Journal, 100: 1088-1093.

Raun, W. R. e Johnson, G. V. (1999). Melhoria da eficiência da utilização do azoto na produção de cereais. Agronomy Journal, 91: 357-363.

Raun, W. R., Solie, J. B. e Stone, M. L. (2011). Independência do potencial de rendimento e da resposta do azoto das culturas. Agricultura de Precisão, 12 (4): 508-518.

Raun, W. R., Solie, J. B., Johnson, G. V., Stone, M. L., Mullen, R. W., Freeman, K. W., Thomason, W. E. e Lukina, E. V. (2002). Improving nitrogen use efficiency in cereal grain production with optical sensing and variable rate application. Agronomy Journal, 94: 815-820.

Raun, W. R., Solie, J. B., Stone, M. L., Martin, K. L., Freeman, K. W. e Zavodny, D. L. (2005). Tecnologia de calibração automatizada de carimbos para melhorar a fertilização azotada na estação. Agronomy Journal, 97: 338-342.

Raun, W. R., Johnson, G. V., Stone, M. L., Solie, J. B., Lukina, E. V., Thomason, W. E. e Schepers. J. S. (2001). Previsão na estação do rendimento potencial de grãos no trigo de inverno utilizando a reflectância do dossel. Agronomy Journal, 93(1): 131-138.

Roberts, D. C. (2009). Preferências pela qualidade ambiental sob incerteza e o valor da aplicação precisa de azoto. Dissertação de doutoramento, Universidade Estatal de Oklahoma, Departamento de Economia Agrícola, Stillwater, OK, EUA.

Rosegrant, M. W. e Svendsen. M. (1993). Asian food production in the 1990s: Irrigation investment and management policy. Food Policy, 18(1): 13-32.

Rouse, J. W. Jr., Haas, R. H., Schell, J. A. e Deering, D. W. (1973). Monitorização de sistemas de vegetação nas Grandes Planícies com ERTS. In Third ERTS symposium (Freden, S. C., Mercanti, E. P. and Becker, M. A. Eds.), NASA Special Publication SP-351, SAS Institute Inc, NASA, Washington, DC, USA: SAS/STAT user's guide (Version 6.0). Cary, NC, EUA, 309-317 pp.

Scharf, P. C., Brouder, S. M. e Hoeft, R. G. (2006). As leituras do medidor de clorofila podem prever a necessidade de azoto e a resposta do rendimento do milho no centro-norte dos EUA. Agronomy Journal, 98: 655-665.

Scharf, P. C., Shannon, D. K., Palm, H. L., Sudduth, K. A., Drummond, S. T., Kitchen, N. R., Mueller, L. J., Hubbard, V. C. e Oliveira, L. F. (2011). As aplicações de nitrogênio baseadas em sensores superaram as taxas escolhidas pelo produtor para o milho em demonstrações na fazenda. Agronomy Journal, 103: 1683-1691.

Sharma, S. N., e Prasad, R. (1999). Effect of Sesbania green manuring and mungbean residue incorporation on productivity and nitrogen uptake of a rice- wheat cropping system.

Bioresource Technology, 67: 171-175.

Sharma, S. N., Singh, R. K., Singh, A. K. e Prasad, R. (2000). Efeito dos resíduos de leguminosas de verão e de trigo nas propriedades do solo no sistema de cultivo arroz-trigo: Resumos alargados. In International Conference on Managing National Resources for Sustainable Agricultural Production in the 21st Century, Indian Society of Soil Science, New Delhi, India, 3: 890-892.

Sharp, T. C., Evans, G. e Salvador, A. (2004). Relações semanais de NDVI com altura, nós e índice de produtividade para zonas de baixa, média e alta produtividade de algodão. Em Proceedings of the Beltwide Cotton Conferences (Dugger, C. P. e Ritcher, D. A. Eds.), National Cotton Council, Memphis, TN, EUA: 2048.

Shaver, T. M., Khosla, R. e Westfall, D. G. (2010). Avaliação de dois sensores activos de cobertura vegetal baseados no solo no milho: fase de crescimento, espaçamento entre linhas e velocidade de movimento do sensor. Soil Science Society American Journal, 74: 2101-2108.

Shihua, T. e Wenqiang, F. (2000). Gestão de nutrientes no sistema de cultivo arroz-trigo na planície de inundação do rio Yangtze. In Soil and Crop Management Practices for Enhanced Productivity of the Rice-Wheat Cropping System in the Sichuan Province of China (Hobbs, P. R. and Gupta, R. K. Eds.), Rice- Wheat Consortium for the Indo-Gangetic Plains, New Delhi, India: 24-34.

Shiratsuchi, L., Ferguson, R., Shanahan, J., Adamchuk, V., Rundquist, D., Marx, D. e Slater, G. (2011). Efeitos da água e do nitrogênio nos índices de vegetação do sensor de dossel ativo. Agronomy Journal, 103: 1815-1826.

Shukla, A. K., Ladha, J. K, Singh, V. K., Dwivedi, B. S., Balasubramanian, V., Gupta, R. K., Sharma, S. K., Singh, Y., Pathak, H., Pandey, P. S., Padre, A. T. e Yadav, R. L. (2004). Calibração da carta de cores das folhas para a gestão do azoto em diferentes genótipos de arroz e trigo numa perspetiva de sistemas. Agronomy Journal, 96: 1606-1621.

Singh, B., Sharma, R. K., Kaur, J., Jat, M. L., Martin, K. L., Singh, Y., Singh, V., Chandna, P., Choudhary, O. P., Gupta, R. K., Thind, H. S., Sigh, J., Uppal, H. S., Khurana, H. S., Kumar, A., Uppal, R. K., Vashistha, M., Raun, W. R. e Gupta, R. (2011). Avaliação da estratégia de gestão do azoto utilizando um sensor ótico para o trigo irrigado. *Agronomia para o desenvolvimento sustentável,* 31: 589-603.

Singh, B., Singh, V., Singh, Y., Thind, H. S., Kumar, A., Gupta, R. K., Kaul, A. e Vashistha, M. (2012). Gestão do azoto fertilizante em dose fixa e ajustável específica do local em arroz irrigado transplantado (Oryza sativa L.) no Sul da Ásia. Field Crops Research, 126: 63-69.

Singh, B., Singh, V., Singh, Y., Thind, H. S., Kumar, A., Singh, S., Choudhary, O. P., Gupta, R. K. e Vashistha, M. (2013). Suplementando a aplicação de nitrogênio de fertilizantes ao trigo irrigado no estágio máximo de perfilhamento usando medidor de clorofila e sensor ótico. Pesquisa Agrícola, 2(1): 81-89.

Singh, B., Singh, Y., Ladha, J. K., Bronson, K. F., Balasubramanian, V., Singh, J. e Khind, C. S. (2002). Gestão do azoto com base no medidor de clorofila e na carta de cores das folhas para o arroz e o trigo no noroeste da Índia. Agronomy Journal, 94: 821-829.

Singh, P., Singh, P. e Singh, S. S. (2008). Potencial de produção e análise económica do arroz aromático (Oryza sativa L.) cv. Pusa Basmati- 1 influenciado por níveis de fertilidade e práticas de gestão de infestantes. Oryza, 45(1): 23-26.

Singh, R.B. e Paroda, R.S. (1994). Sustainability and productivity of rice-wheat systems in the Asia Pacific region: research and technology development needs. In: Sustainability of Rice-Wheat Production Systems in Asia (Paroda, R.S., Woodhead, T. e Singh, R.B. Eds.), FAO, Banguecoque, Tailândia: 1-35.

Singh, V., Singh, B., Singh, Y., Thind, H. S. e Gupta, R. K. (2010). Gestão do azoto com base nas necessidades utilizando o medidor de clorofila e a carta de cores das folhas no arroz e no trigo no Sul da Ásia: uma revisão. Nutrient Cycle in Agroecosystem, 88: 361-380.

Singh, V., Singh, Y., Singh, B., Singh, B., Gupta, R. K., Singh, J., Ladha, J. K. e Balasubramanian, V. (2007). Performance of site specific nitrogen management for irrigated transplanted rice in north-western India. Arquivos de Agronomia e Ciência do Solo, 53: 567-579.

Singh, Y., Singh, B. e Timsina, J. (2005). Crop residue management for nutrient cycling and improving soil productivity in rice-based cropping systems in the tropics. Avanços em Agronomia, 85: 269-407.

Spaner, D., Todd, A.G., Navabi, A., McKenzie, D. B., e Goonewardene, L. A. (2005). Can leaf chlorophyll measures at differing growth stages be used as an indicator of winter wheat and spring barley nitrogen requirements in eastern Canada? Journal of Agronomy and Crop

Science, 191: 393-399.

Subbiah, B. V. e Asija, G. L. (1956). Um procedimento rápido para a estimativa do azoto disponível no solo. Curr. Sci., 25: 259.

Sui, B., Feng, F., Tian, G., Hu, X., Shen, Q. e Guo, S. (2013). A otimização do fornecimento de nitrogênio aumenta o rendimento do arroz e a eficiência do uso de nitrogênio, regulando os fatores de formação do rendimento. Pesquisa de Culturas de Campo, 150: 99-107.

Sutton, M. A., Oenema, O., Erisman, J. W., Leip, A., van Grinsven, H. e Winiwarter, W. (2011). Demasiado de uma coisa boa. Nature.

Swain, D. K., B. C. Bhaskar, P. Krishnan, K. S. Rao, S. K. Nayak e R. N. Dash, (2006). Variation in yield, N uptake and N use efficiency of medium and late duration rice varieties (Variação no rendimento, absorção de N e eficiência de utilização de N de variedades de arroz de duração média e tardia). Journal of Agricultural Science (Cambridge), 144: 69- 83.

Takebe, M., Okazaki, K., Karasawa, T., Watanabe, J., Ohshita, Y. e Tsuji, H. (2006). Diagnóstico da cor da folha e gestão do azoto no trigo de inverno "Kitanokaori" em Hokkaido. Soil Science Plant Nutrition, 52:577.

Tian, L. (2002). Desenvolvimento de um sistema de aplicação de herbicidas de precisão baseado em sensores. Computadores e eletrónica na agricultura, 36: 133-149.

Tremblay, N., Wang, Z. e Cerovic, Z. G. (2012). Deteção do estado do azoto das culturas com indicadores de fluorescência. Uma revisão. Agronomia para o Desenvolvimento Sustentável, 32:451-464.

Tremblay, N., Wang, Z., Ma, B., Belec, C. e Vigneault, P. (2009). Uma comparação dos dados das culturas medidos por dois sensores comerciais para a aplicação de azoto a taxa variável. Agricultura de Precisão, 10: 145-161.

Tubana, B. S., Arnall, D. B., Holtz, S. L., Solie, J. B., Girma, K. e Raun, W. R. (2008). Effect of treating field spatial variability in winter wheat at different resolutions (Efeito do tratamento da variabilidade espacial do campo no trigo de inverno em diferentes resoluções). Journal of Plant Nutrition, 31: 1975-1998.

Varvel, G. E., Schepers, J. S. e Francis, D. D. (1997). Capacidade de correção na época da deficiência de azoto no milho utilizando medidores de clorofila. Soil Science Society American Journal, 61: 1233-1239.

Varvel, G. E., Wilhelm, W. W., Shanahan, J. F. e Schepers, J. S. (2007). Um algoritmo para recomendações de azoto para o milho utilizando um índice de suficiência baseado num medidor de clorofila. Agronomy Journal, 99: 701-706.

Vidal, A., Longeri, L. e Hetier, J. M. (1999). Medições do consumo de azoto e do medidor de clorofila no trigo de primavera. Ciclo de nutrientes em agroecossistemas, 55: 1-6.

Walburg, G., Bauer, M. E., Daughtry, C. S. T. e Housley, T. L. (1982). Effects of nitrogen nutrition on the growth, yield, and reflectance characteristics of corn canopies. Agronomy Journal, 74: 677-683.

Walsh , O. S., Klatt, A. R., Solie, J. B., Godsey, C. B. e Raun, W. R. (2013). Uso de dados de umidade do solo para recomendações refinadas de nitrogênio baseadas no sensor Green Seeker em trigo de inverno (Triticum aestivum L.). Agricultura de Precisão, 14: 343-356.

Wang, G. H., Dobermann, A., Witt, C., Sun, Q. Z. e Fu, R. X. (2001). Performance of site-specific nutrient management for irrigated rice in southeast China. Agronomy Journal, 93: 869-878.

Wang, N., Zhang, N. e Wang, M. (2006). Sensores sem fios na agricultura e na indústria alimentar - desenvolvimento recente e perspectivas futuras. Computadores e eletrónica na agricultura, 50: 1-14.

Watson, D. J. (1952). The physiological basis of variation in yield. Advances in Agronomy, 4: 101-145.

Wilson, C. Jr., Slaton, N., Norman, R. e Miller, D. (2001). Efficient use of Fertilizer (Uso eficiente de fertilizantes). Em Rice Production Handbook (Slaton, N.A. Eds.), Serviço de Extensão Cooperativa da Universidade do Arkansas, Little Rock, Arkansas, 51-74 pp.

Witt, C. e Dobermann, A. (2002) Site-specific nutrient management approach for irrigated, lowland rice in Asia. Better Crops, 16:20-24.

Wood, C. W., Reeves, D. W., Duffield, R. R. e Edmisten, K. L. (1992). Field chlorophyll measurements for evaluation of corn nitrogen status. Journal of Plant Nutrition, 15: 487-500.

Wright, D. L., Rasmussen, V. P., Ramsey, R. D., Baker, D. J. e Ellsworth, J. W. (2004). Estimativa da reflectância do teor de azoto no trigo para a gestão da proteína do grão. GIScience and Remote Sensing, 41(4): 287-300.

Xiong, D., Chen J., Yu T., Gao W., Ling X., Li Y., Peng S., e Huang J. (2015). A estimativa de nitrogênio foliar baseada no SPAD é afetada por fatores ambientais e caraterísticas da folha da cultura. Scientific Reports, 5: 13389.

Yadav, D. S. e Kumar, A. (1998). Integrated use of organic and inorganics in rice- wheat cropping system for sustained production. Em Long-Term Soil Fertility Management through Integrated Plant Nutrient Supply (Swarup, A., Damodar Reddy, D. e Prasad, R. N. Eds.), Indian Institute of Soil Science, Bhopal, M.P., India: 314-321.

Yang, W. H., Peng, S., Huang, J., Sanico, A. L., Buresh, R. J. e Witt, C. (2003). Using leaf colour charts to estimate leaf nitrogen status of rice. Agronomy Journal, 95: 212-217.

Yao, Y., Miao, Y., Huang, S., Gao, L., Ma, X., Zhao, G., Jiang, R., Chen, X., Zhang, F., Yu, K., Gnyp, M., Bareth, G., Liu, C., Zhao, L., Yang, W. e Zhu, H. (2012). Estratégia de gestão de N de precisão baseada em sensor de dossel ativo para arroz. Agronomia para o Desenvolvimento Sustentável, 32: 925-933.

Yoshida, S. (1981). Fundamentals of Rice Crop Science (Fundamentos da ciência das culturas do arroz). IRRI, Los Banos, Filipinas: 269.

Yoshida, S. e Coronel, V. (1976). Nutrição nitrogenada, resistência foliar e taxa fotossintética foliar da planta de arroz. Ciência do Solo Nutrição de Plantas, 22(2): 207- 211.

Zadoks, J. C., Chang, T. T. e Zonzak, C. F. (1974). Um código decimal para os estádios de crescimento dos cereais. Weed Research, 14: 415-421.

Zhang, N., Wang, M. e Wang, N. (2002). Precision agriculture: a worldwide overview (Agricultura de precisão: uma panorâmica mundial). Computers and Electronics in Agriculture, 36: 113-132.

Printed by Books on Demand GmbH, Norderstedt / Germany